Ingénieur Civil, Ancien Élève de l'École Centrale, Professeur à l'Association Polytechnique, Collaborateur des Annales du Génie Civil,
Ancien Ingénieur à la Grande Société des Chemins de Fer Russes

PERCEMENT DU MONT CENIS — TRAVERSÉE DES ALPES

PRIX : 3 FRANCS

Grandes Industries. — Livraisons 1 à 3.

A

M. AUGUSTE PERDONNET.

Commandeur de la Légion d'honneur,
Président de l'Association polytechnique
Directeur de l'École centrale

HOMMAGE D'AFFECTUEUX DÉVOUEMENT

L. RUEFF

LES

GRANDES INDUSTRIES

ET LES

TRAVAUX D'ART MODERNES

INTRODUCTION

Le but principal de l'ouvrage dont nous commençons la publication est de répandre et de vulgariser plus encore qu'on ne l'a fait jusqu'à présent les questions d'industrie, de travaux d'art et d'appareils mécaniques. Des sujets qui, il y a quelques années, semblaient dénués d'intérêt sont presque populaires aujourd'hui ; le désir de s'instruire s'est évidemment accru. Les livres scientifiques ont servi à faire apprécier la valeur de chacune des nouvelles conquêtes industrielles. On a compris que les solutions de certains problèmes étaient aussi intéressantes par la nouveauté des engins employés que par le but à atteindre.

Il serait aisé de citer ici quelques-unes de ces grandes opérations qui ont passionné les peuples et dont le plus grand avantage est de resserrer entre eux les liens de solidarité et de véritable union.

Qui oserait mettre en doute aujourd'hui l'importance de questions telles que la *Traversée des Alpes*, le *Percement de l'isthme de Suez*, l'*Installation du câble transatlantique*, etc., et en même temps qui ne serait désireux de connaître la série des inventions progressives qui ont permis d'établir les machines nécessaires à l'accomplissement de telles entreprises ? Quel immense concours de faits scientifiques et pratiques, d'appareils et de machines perfectionnés ! Mécanique, chimie, métallurgie, géologie, art des mines, connaissances géographiques et astronomiques ! Comme tout est solidaire dans ces créations, elles n'ont été possibles que le jour où toutes les sciences furent à la hauteur des projets à réaliser.

Peut-être devons-nous à cette raison les découvertes modernes, si nombreuses dans toutes les directions ! L'Exposition de 1867, dans laquelle l'un des principaux sujets d'étonnement et d'admiration est la grande galerie des machines, suffirait pour attester ces progrès. Le public si nombreux qui s'y presse tous les jours prendra goût certainement à des études scientifiques d'où nous nous attacherons à écarter autant que possible l'aridité et la sécheresse des descriptions techniques. Aussi espérons-nous être encouragés dans la tâche que nous entreprenons aujourd'hui, et dans laquelle nous avons choisi comme première question le beau travail du percement du mont Cenis.

TRAVERSÉE DES ALPES

PERCEMENT DU MONT CENIS

HISTORIQUE DU PROJET

Projets de Charles-Albert; comment ils furent accueillis. — Tracés de Joseph Médail (1832 et 1842). — Projet de l'ingénieur Maus (1845). — Projet définitif de 1849, rejeté en 1850. — Concession du Victor-Emmanuel sur les deux versants des Alpes (loi du 29 juin 1857). — INTERVENTION DES SCIENCES : *Géologie :* Étude des terrains à traverser. — *Trigonométrie :* Tracé du tunnel. — *Mécanique :* Projet définitif de MM. Grandis, Grattoni et Sommeiller. — Brevets de MM. Bartlett et Colladon. — Convention internationale du 7 mai 1862 entre la France et l'Italie. — Note relative à l'étude des différents tracés proposés pour le passage des Alpes : Simplon, Luckmanier, Splugen, Saint-Gothard, mont Cenis.

Nous venons d'indiquer l'enthousiasme qui a quelquefois accueilli l'étude de certains problèmes de l'industrie moderne. Parmi ces questions, il en est peu qui furent, dès leur apparition, aussi populaires en France et en Italie que celle du percement du mont Cenis.

Dès 1842, l'idée de la grande trouée à travers les Alpes préoccupait les ingénieurs français et stimulait l'énergie du Piémont, qui n'était alors qu'un petit royaume. Elle avait même franchi les frontières de ce pays et avait conquis les sympathies des patriotes italiens. Ces derniers voyaient, en effet, une certaine analogie entre leurs rêves de liberté et la rupture de la barrière des Alpes. L'appui de la France pour la construction du tunnel pouvait conduire à une véritable alliance. Peut-être les esprits prévoyants entrevoyaient-ils déjà le résultat possible de notre coopération à une œuvre aussi capitale.

Quoi qu'il en soit, il faut connaître le caractère italien pour se faire une idée de l'ardeur avec laquelle on discuta comment serait traversée la ceinture de montagnes qui entoure la haute Italie. Nous devons citer les divers tracés

proposés : le Simplon, le Luckmanier, le Saint-Gothard, le Splugen, etc...
Tous tendaient à développer l'industrie nationale en lui ouvrant des débouchés sur les voies ferrées du continent ; ils mettaient l'Italie en relation directe

Vue d'une des attaques de la galerie du tunnel (Bardonnèche).

avec la Suisse, l'Allemagne ou la France (1). Chacune des solutions indiquées
avait des arguments spéciaux à faire valoir en sa faveur et présentait son
intérêt particulier ; aussi y avait-il des partisans de passages autres que le

(1) Nous avons exposé succinctement, dans une note placée à la fin de cette livraison,
les divers tracés intéressants, autres que celui du mont Cenis.

mont Cenis, mais il faut rendre aux Italiens cette justice qu'ils ont saisi de prime-abord l'ensemble des avantages que présentait ce dernier projet, qui fut le seul véritablement national.

Ajoutons que la ténacité apportée à la poursuite de cette idée est remarquable à plus d'un titre, et qu'on ne peut la comparer qu'à la pensée plus large et plus féconde encore qui a conduit à l'unité. Que l'on se représente, en effet, des efforts, des tentatives et des combinaisons qui embrassent une période de vingt années. Tout est à créer : appareils, personnel, capital... On trouvera aussi les hommes éminents pour imaginer les moyens d'action, diriger l'exécution et la mener à bonne fin. On étudiera la composition géologique des terrains à traverser; on intéressera à la fois à la question la France et l'Italie; plus le but est grand et difficile, plus les moyens d'action seront multipliés. On combattra les objections théoriques par les faits; on trouvera dans les circonstances locales les plus puissants moyens d'action, puisque l'on puisera dans les torrents des Alpes la force motrice pour entailler le roc et l'air pour la respiration des ouvriers.

Les appareils fonctionneront de façon à justifier toutes les prévisions des inventeurs, et l'on pourra calculer avec certitude le moment précis où l'industrie française ira, à travers le tunnel des Alpes, féconder les vallées du Pô.

S'il ne fut pas donné au roi Charles-Albert d'assister à l'exécution complète de cette grande idée, il la favorisa du moins autant qu'il fut en son pouvoir, et il lui donna par son activité et ses encouragements une impulsion si forte qu'elle ne devait plus s'arrêter.

La première étude sérieuse et réfléchie qui fut faite du passage des Alpes au moyen d'un tunnel est due au bon sens d'un simple montagnard habitant le village de Bardonnèche. Joseph Médail, qui s'occupait de travaux publics et qui possédait d'ailleurs la parfaite connaissance des chemins que parcouraient ses compatriotes dans leurs relations de commerce avec la vallée de l'Orco, considérait comme possible le percement du Fréjus. (*Voir la carte Pl. I.*) Il traça, au moyen d'instruments rudimentaires et imparfaits, l'axe du tunnel qui devait ouvrir les Alpes en allant de Modane à Bardonnèche. Dès 1832, il communiqua à un général piémontais un mémoire pour être remis au roi.

Dans un second projet, publié à Chambéry en 1842, il perçait la montagne de l'Épine, de Chambéry à Saint-Genix sur la frontière française, et ouvrait ainsi un chemin direct sur Lyon. Ce projet, intéressant à plus d'un titre, ne fut point adopté, puisqu'on décida plus tard que la ligne du Victor-

Emmanuel viendrait rejoindre le réseau français par le défilé de Culoz.

On doit donc considérer comme établi que le tunnel de 13 kilom. débouchant à peu près au même niveau dans les deux vallées fut projeté par Médail.

La sagacité des observations de Médail fut confirmée en 1845 dans le projet présenté au roi par l'ingénieur Maus.

L'appareil remarquable, connu sous le nom de *plan incliné de Liége*, avait été exécuté d'après les idées de cet ingénieur ; il jouissait d'une réputation d'habileté et de talent qui le firent appeler en Piémont, où il devint l'ami du roi Charles-Albert. Aidé du naturaliste Sismonda, il étudia la question avec un soin minutieux, et présenta au gouvernement plusieurs mémoires en 1845, 1846 et 1848. Ces mémoires servirent de base au projet définitif de 1849.

M. Maus, sachant se mettre à la hauteur d'une question nouvelle, trouva des moyens d'action nouveaux et imprévus. Comme le projet aujourd'hui en cours d'exécution, il puisait sa force motrice dans les torrents des Alpes ; on ne pouvait évidemment avoir aucun doute sur la puissance dont on disposait ainsi. Cette force ne coûtait rien que les récepteurs nécessaires pour la recueillir et en tirer parti.

L'élément principal du projet consistait en une machine perforatrice qui devait entailler la roche ; un câble roulant sur des poulies intermédiaires devait transporter la force motrice jusqu'aux chantiers d'abattage ; là elle servait à bander vigoureusement des ressorts à boudin qui lançaient des ciseaux d'acier, de façon à tracer dans la roche de profondes rainures. On pouvait ensuite désagréger les blocs à l'aide de leviers ou bien en enfonçant des coins dans les rainures. Deux machines devaient s'avancer dans des directions opposées dans les entrailles de la montagne, et en poursuivant leur travail, se rencontrer au milieu de la galerie.

En 1846 et 1847, cet appareil eut un plein succès ; Charles-Albert allait lui-même assister aux expériences et admirait les résultats obtenus ; il communiquait sa foi et sa conviction à tous ceux qui l'entouraient. « *L'espérance était partout, la confiance illimitée ; il y avait dans l'air comme une attente de grandes choses qui charmait l'imagination. Et que n'était-il pas permis d'espérer quand on voyait l'une des plus vieilles dynasties de l'Europe et l'une des plus immobiles dans la tradition absolue se mouvoir d'elle-même, avancer sans secousse, sans autre pression que l'amour de ses peuples et les besoins nouveaux de la société moderne* (1) ? »

(1) Ces lignes, où l'on retrouve comme un reflet des sentiments qui animaient alors le

L'année 1848 arriva, et avec elle les désastres qui frappèrent l'Italie; les ressources et les économies dépensées dans la guerre firent oublier M. Maus, sa machine et même le projet. Le découragement fut grand parmi les patriotes italiens, et lorsqu'en 1849 on revint à cette question, les esprits, affligés par les malheurs de la patrie, l'accueillirent plus froidement. Quoique le rapport général de l'année 1850 rappelât l'approbation donnée aux idées de M. Maus, approbation qui avait conclu à la construction des machines d'essai pouvant être utilisées plus tard, il souleva pourtant des objections nombreuses, et le projet fut définitivement abandonné. L'objection capitale était le mauvais état des finances épuisées par la guerre. Il appartenait à M. de Cavour de continuer l'œuvre de Charles-Albert.

Le but qu'il se proposa d'abord était de rendre absolument impossible l'ajournement du passage, en faisant prolonger jusqu'à Suze d'un côté, et jusqu'à Modane de l'autre, les voies ferrées qui, se trouvant ainsi coupées par les Alpes, seraient dans l'obligation de les franchir. Sur ces entrefaites fut présenté au gouvernement, par les ingénieurs de la Compagnie de Savoie, un projet ayant pour objet le passage du mont Cenis, à ciel ouvert, au moyen d'un chemin de fer américain.

Cette entreprise, qui semblait vouloir faire concurrence à celle du grand tunnel, eut peu de succès auprès des ingénieurs piémontais, et si elle fut admise par le parlement sarde, ce ne fut pas sans une vive opposition. Il faut dire cependant, pour donner un exemple de la modération dont a souvent fait preuve M. Sommeiller, qui étudiait à la même époque un nouveau projet de percement au moyen de l'air comprimé, qu'il ne s'éleva pas d'une manière absolue contre l'idée des ingénieurs de la Compagnie; il parla seulement du travail excessif que l'on aurait à effectuer pour vaincre les rampes très-rapides que présente ce passage.

Quant à M. de Cavour, il ne fit à ce projet aucune opposition, parce qu'il arrivait à son but : il étendait la concession de la Compagnie française du Victor-Emmanuel sur le versant italien des Alpes jusqu'au pont de Buffalora sur le Tessin. La Compagnie, directement intéressée à supprimer la barrière du mont Cenis, qui coupait sa ligne en deux, s'associa avec l'État pour une somme de 20 millions dans l'entreprise du tunnel. La concession

Piémont tout entier, sont extraites de la remarquable étude publiée par M. Hudry-Menos dans la *Revue des Deux Mondes. Il Traforo delle Alpi* (15 février 1865, 4e livraison).

en fut faite le 14 mai 1857 et convertie en loi le 29 juin suivant; elle terminait l'œuvre politique et administrative.

C'est ici que les sciences viennent donner à la grande entreprise désormais résolue leur concours puissant.

Nous examinerons, en détail, dans les prochaines livraisons, les engins spéciaux qui furent successivement essayés, puis repoussés, pour arriver enfin aux machines mises en œuvre par MM. Grandis, Grattoni et Sommeiller. Mais avant de mettre les machines en activité, avant d'attaquer la roche, il fallait connaître le travail qu'elles auraient à effectuer. Quelle était la nature des terrains à traverser? Telle était la question capitale; elle était résolue depuis l'année 1850 par les études combinées de MM. Sismonda et Élie de Beaumont.

Terrains à traverser (Pl. I). — Toutes les roches percées par le tunnel rentrent dans trois groupes, connus des géologues sous les noms de :
Anthracite supérieur;
Anthracite inférieur;
Oolithe inférieure.
Elles prennent les noms de *Micaschiste*, *Talchiste*, *Calchiste* et *Quartzite*, suivant que c'est le mica, le talc, le calcaire ou le quartz qui domine dans leur constitution.

M. Lachat, ingénieur des mines à Chambéry, a divisé ces groupes de la manière suivante :

Les *Calchistes*, de Bardonnèche au col d'Arionda. Couche facile à traverser, se soutenant assez mal, et comprenant la plus grande partie du tunnel. (Pl. I).

Des calcaires massifs viennent ensuite, puis les *Quartzites* durs, résistants, difficiles à perforer; leur épaisseur ne doit pas être supérieure à 380 mètres, et ils sont, à l'heure qu'il est, presque entièrement traversés. Enfin, l'entrée du côté de Modane s'est faite dans des terrains ébouleux et on a bientôt attaqué le terrain *anthraciteux*, riche en filons métallifères, qui s'étend jusqu'au torrent du Charmet. Les minerais que l'on a principalement rencontrés sont des veines de cuivre gris stratifié, du fer en petits grains, dit oligiste, et de la galène argentifère.

En considérant la dureté de ces roches, il ne semblait pas qu'il y eût des difficultés invincibles au point de vue de la perforation. Les éboulements, les irruptions d'eau ne paraissaient pas à craindre, et puis, ces dernières avertiraient par des infiltrations. D'ailleurs, avec les dispositions prises pour l'écoulement, elles ne sembleraient pas un obstacle insurmontable. Il faudrait qu'elles fussent très-abondantes pour causer un dommage sensible dans les galeries, et encore arriverait-on à en triompher par les moyens connus aujourd'hui dans l'art des mines.

Nous devons ajouter, à l'honneur des savants qui se sont occupés de la configuration géologique de ces terrains, que toutes leurs assertions ont été jusqu'à présent parfaitement justifiées par l'avancement des travaux.

Tracé de la galerie (Pl. I). — Les opérations scientifiques qui formaient comme le prologue de cette grande action qui a pour nom le percement des Alpes, se succédaient rapidement. Après la géologie, la trigonométrie venait tracer l'axe du tunnel. Des opérations de triangulation qui furent recommencées jusqu'à trois fois avec persévérance et courage, permirent d'établir sûrement les points de repère qui fixèrent définitivement la direction du tunnel, et de placer en P et P' les deux observatoires servant à vérifier à chaque instant si l'axe du percement suit bien la direction indiquée par les opérations trigonométriques. Cet alignement fait un angle de 19° avec le méridien terrestre ; l'entrée de la galerie du côté de la France est dans la vallée de l'Arc, près du village de Fourneaux (*voir la carte, Pl. I*), à une hauteur de 1,202^{m}82 au-dessus du niveau de la mer; la sortie est dans la vallée de Rochemolle, près de Bardonnèche, à une hauteur de 1,335^{m}38. L'altitude du point milieu du tunnel, située à 6,110 mètres des deux têtes, est de 1,338^{m}45 ; le sol de la galerie descend de là par deux pentes en sens inverse pour aller rejoindre les deux entrées. Cette condition remédie au défaut principal du projet de l'ingénieur Maus qui admettait une pente uniforme d'un bout à l'autre du tunnel. Outre l'avantage que présente la disposition actuelle de donner aux eaux un écoulement naturel du côté de Bardonnèche, en cas d'accident imprévu, elle facilite et rend immanquable la rencontre des deux galeries (un peu avant ou un peu après le milieu exact peu importe), et l'on n'a plus à s'occuper que d'une seule opération, celle de conserver l'alignement, tandis que dans le projet Maus, même en conservant l'alignement, on risquait encore d'avoir à la rencontre une différence de niveau plus ou moins considérable qui aurait nécessité des travaux secondaires. Pour commencer les attaques, on a établi aux extrémités deux fausses têtes situées dans la direction de l'axe du tunnel; bien qu'elles ne doivent pas être conservées, on les a construites avec autant de soin que le reste de la galerie ; elles ont pour objet de permettre la vérification de l'alignement au moyen des observatoires placés en P et P'. Pour faire cette vérification, on place une lumière dans l'axe de la galerie dans la section dont on veut vérifier la position ; cette lumière doit se trouver exactement dans le rayon de la lunette placée sur l'observatoire P ou P'. La direction de ces lunettes a été bien établie lors des triangulations ; elle est d'ailleurs souvent contrôlée.

C'est durant les années 1857 et 1858 que les ingénieurs accomplirent cette belle opération de trigonométrie qui nécessita la mesure de quatre-vingt-six angles et le tracé de vingt-huit triangles. La mesure de chacun des angles fut répétée plusieurs fois pour écarter toutes les chances d'erreur. Ces observations, qui sont déjà difficiles et minutieuses, dans un pays ordinaire et peu accidenté, deviennent dangereuses sur ces sommets élevés et presque inaccessibles, et il faut plus que de l'habileté pour garder le sang-froid et le calme de l'observateur dans des conditions aussi imprévues. Mais, dans la réalisation de cette gigantesque conception, chacun sut se montrer à la hauteur de la tâche qui lui était imposée, et maintenant que la Mécanique prend possession de la scène où la Géologie et la Trigonométrie ont joué leur rôle, nous en trouvons une nouvelle preuve en examinant les efforts qui ont conduit MM. Grandis, Grattoni, Sommeiller à la réalisation pratique du percement par la construction de machines presque entièrement nouvelles.

Projet définitif de MM. Grandis, Grattoni et Sommeiller. — Nous avons dit déjà, dans le cours de cette étude, comment le projet de M. Maus et sa machine, après avoir surexcité au plus haut degré les imaginations piémontaises, furent définitivement abandonnés en 1850. Nous devons cependant rendre ici justice au mérite de cet ingénieur qui, le premier, s'était fait une idée exacte et précise de la somme des difficultés de l'entreprise. Le premier, il avait osé regarder en face l'œuvre tout entière, l'analyser dans ses détails, en combattre un à un tous les obstacles ; il avait fait plus, il avait indiqué des moyens rationnels et construit des machines propres à les vaincre.

Voyant l'accueil chaleureux fait à ses idées, il avait pu croire un instant à l'exécution de son projet. L'excès même de ses précautions s'était tourné contre lui : M. Maus avait proscrit la poudre, pour ne pas vicier l'air autour des travailleurs ; il se privait ainsi du concours d'un des agents les plus puissants dans le travail des mines. Ses ventilateurs, mus au fond de la galerie par les dernières poulies de la transmission, les mêmes qui bandaient les ressorts, étaient peut-être insuffisants pour aérer les chantiers d'abattage, même sans employer la poudre.

Après le rejet définitif de ce projet, quelques années se passèrent jusqu'à ce que M. Bartlett, ingénieur anglais au service de la Compagnie du Victor-Emmanuel depuis 1853, présentât sa machine perforatrice mue et portée par une chaudière à vapeur locomobile. Son brevet fut pris en 1855. L'appareil fut essayé devant M. le comte de Cavour, M. le chevalier Paleocapa, ministre des travaux publics, M. le colonel Ménabréa et MM. Grandis, Grattoni et Sommeiller.

La rapidité des chocs du burin était surprenante : deux à trois cents coups par minute; les roches les plus dures étaient entamées presque avec facilité, et les trous de mines creusés quinze à vingt fois plus vite que par un excellent ouvrier mineur. Mais une objection péremptoire consiste dans l'emploi même de la vapeur, et à une première cause de manque d'air venaient s'ajouter les gaz produits par les explosions. M. Bartlett ne parlait d'ailleurs d'aucun système de ventilation, il présentait sa machine et rien de plus.

MM. Grandis, Grattoni et Sommeiller, qui assistaient aux expériences, étaient de retour depuis 1850 d'une excursion qu'ils avaient commencée en 1846, aux frais du gouvernement sarde, pour étudier les chemins de fer belges. Depuis cette époque, ils avaient fait de sérieuses études sur l'utilisation de la force motrice développée par l'air comprimé. En 1854, M. de Cavour avait, par la convention du 28 mars, engagé le gouvernement dans la mise en pratique de cette invention appelée à modifier bien des idées depuis longtemps reçues dans le monde savant. Il était accordé aux inventeurs trois ans pour l'application de l'air comprimé à la propulsion des convois sur les plans inclinés du Giovi. En 1856, les expériences étaient en train, quand la vue de la machine Bartlett et les résultats surprenants que l'on en obtenait éveillèrent l'imagination féconde de M. Sommeiller : il fallait faire marcher cette machine par l'air comprimé, et rien alors ne s'opposait plus à ce qu'elle fonctionnât dans un souterrain fermé, aéré d'ailleurs par ce même air qui faisait marcher la machine.

Il faut dire que l'idée de M. Sommeiller n'était pas nouvelle. Sans compter M. Bartlett, qui avait prévu ce moyen dans son brevet et avait réservé ses droits à ce sujet, M. Colladon, physicien de Genève, avait pris en 1855 un brevet relatif à l'emploi de l'air comprimé pour le percement des tunnels, sans indiquer du reste en aucune façon par quel appareil il prétendait se procurer cet air comprimé. M. Sommeiller avait sur ces deux inventeurs l'avantage d'avoir à sa disposition la machine connue sous le nom de *Compresseur à choc* ou *à colonne d'eau*, qui fonctionnait alors à Collegno, près de Turin. Son projet fut présenté au Parlement, dans la séance du 17 juin 1856, par M. le ministre Paléocapa. M. Sommeiller, qui était à ce moment député nommé par le collége de Saint-Jeoire en Faucigny, son pays natal, prit lui-même la parole pour soutenir ses idées. Il ne méconnut pas le mérite de la machine Bartlett, qu'il devait d'ailleurs entièrement transformer, en la perfectionnant, pour en faire une machine nouvelle.

Une commission spéciale fut chargée d'assister aux expériences faites à la Coscia avec les compresseurs de MM. Grandis, Grattoni et Sommeiller, et d'en faire rapport au Parlement. Ce rapport parut le 26 mai 1857 ; il était en tout favorable aux trois inventeurs. M. Sommeiller ne se montra plus aussi réservé que l'année précédente...

« *Aujourd'hui, dit-il, l'air comprimé est trouvé, les torrents des Alpes sont nos esclaves, ils vont travailler pour nous... Aujourd'hui, les machines sont montées, elles marchent régulièrement ; une fois installées au mont Cenis, elles marcheront non pas seulement quatre mois, mais quatre ans, sept ans, dix ans, et toujours neuves, parce que les pièces qui ne sont en contact qu'avec l'eau ne s'usent pas.* »

Ces discussions durèrent jusqu'au mois de juin ; M. Ménabréa, ingénieur civil piémontais, dominait par son érudition ces débats qui donnaient au Parlement l'aspect d'une réunion de savants. Le tout se termina, comme nous l'avons déjà dit, par la loi du 29 juin 1857. Dès le mois d'août de la même année, le roi Victor-Emmanuel mit le feu à la première mine du côté de la Savoie, et inaugura l'œuvre si chère à Charles-Albert. Mais ce ne fut, de fait, que le 12 janvier 1861 que le travail commença d'une manière sérieuse, alors que les machines entrèrent en galerie sur l'attaque piémontaise.

Jusque-là, on avait percé de ce côté 921 mètres du tunnel et 724 de l'autre, par les moyens ordinaires.

Lors de l'annexion de la Savoie à la France, on trembla un instant pour l'avenir de l'entreprise ; mais le gouvernement français fit bientôt taire ces craintes chimériques en s'associant au projet par la convention internationale du 7 mai 1862, dont voici le texte résumé :

Les dépenses pour la construction du chemin de fer entre Modane et Suze seront supportées par les deux gouvernements, chacun pour la partie comprise sur son territoire et jusqu'au milieu du tunnel. La part contributive de a France sera de 19 millions de francs, si le travail ne dépasse pas vingt-cinq ans à partir du 1er janvier 1862. Une prime de 500,000 francs sera due en plus pour chaque année gagnée : cette prime sera portée à 600,000 francs pour chaque année s'il faut moins de quinze ans. Ces sommes seront payées une fois le travail complétement terminé. S'il n'est pas fini en 1887, la France sera exonérée des sommes à payer. L'avancement de part et d'autre ne devra pas être moindre de 250 mètres par an. L'intérêt, d'après attachement, sera payé à raison de 5 p. 100 des parties faites. Les 20 millions, subvention du Victor-Emmanuel, seront répartis ainsi : 7 millions pour la France et 13 millions pour l'Italie. Il résulte de là que si le tunnel est achevé en dix ans, la France payera pour sa part 31,180,000 francs, ce qui, ajouté à la part de subvention reçue, fait 44,180,000 francs; or, comme l'ouvrage entier est évalué à 65 millions, on voit combien cette convention est avantageuse à l'Italie....

La direction de l'œuvre reste confiée au gouvernement italien, et le gouvernement français n'intervient que par une commission qui lui rend compte de la marche des travaux. L'un des membres de cette commission est M. Conte, ingénieur en chef de la Savoie. Le premier il a fait connaître de ce côté-ci des Alpes les appareils de M. Sommeiller, et il est de notre devoir de dire que nous avons emprunté au compte rendu qu'il fit publier en 1863, dans les *Annales des Ponts et Chaussées*, une partie des renseignements techniques qui nous ont été nécessaires pour la rédaction des deux livraisons suivantes, de même que nous avons trouvé dans l'article de M. Hudry-Menos des données qui ont servi à rédiger les pages qui précèdent.

En réalité, il y a quatre tracés importants autres que celui du mont Cenis. Ce sont : le Simplon, le Luckmanier, le Splugen et le Saint-Gothard (1). Les renseignements que nous donnons ici sont extraits du rapport de M. Koller. M. Flachat les a reproduits dans son ouvrage relatif aux moyens de franchir les montagnes avec des rampes de 0^m 50, en employant de nouveaux moyens mécaniques.

Simplon. — Le Simplon, sur lequel se trouve la route bien connue construite par Napoléon Ier, conduit de Sion, en Valais, à Domo-d'Ossola. On possède, sur ce parcours, un projet de MM. Lehaître et Mondésir. Les rampes sont de 40 millimètres. Le chemin de fer s'élève à 1,732 mètres; le souterrain n'a que 5 kilomètres de longueur. Il y a douze paliers.

(1) La fig. 3, pl. 1, montre la configuration des Thalwegs. Les cols sont rapportés sur le même axe.

Luckmanier. — Le Luckmanier est un col entre Coire et Brasca. Comme le sentier offre l'apparence d'un demi-cercle, que ses pentes sont douces, ce tracé, proposé par MM. Michel et Pestalozzi, qui pensaient franchir le col à ciel ouvert, eut une grande faveur. Deux autres projets ont été étudiés : MM. Kleineck et Gervais perçaient la montagne par un grand tunnel situé à 1,865 mètres d'altitude; M. Lanicen proposa un passage à la hauteur de 1,118 mètres, par un tunnel de 17 k. 50.

Splugen. — MM. Vanotti et Fenardi ont indiqué divers tracés. Le meilleur est à 1,296 mètres au-dessus du niveau de la mer, avec un tunnel de 14 kilomètres. Les courbes ont 300 mètres de rayon, la pente est de 0^m25.

Saint-Gothard. — M. Feer Herzog, membre du Conseil fédéral suisse, a plaidé avec une grande éloquence, dans une étude publiée sur les chemins de fer alpestres, dans la *Revue des Deux Mondes*, la cause du Saint-Gothard. Il décrit le passage à partir de Brunnen, par le Grutli, les ruines du fort Zwing-Uri; il franchit, sur un pont de 54 mètres, le torrent de la Mayen-Reuss, et arrive enfin à gauche du glacier de Dammafirn, à un tunnel à 1,110 mètres au-dessus du niveau de la mer, de 15 kilomètres de long. M. Feer Herzog pense qu'il faudrait quinze ans pour achever ce beau travail. Le chemin de fer sortirait dans la vallée de la Levantine, qu'il suivrait jusqu'au Tessin; il présenterait, en plusieurs endroits, des rampes en spirale et notamment entre Faedo et Gionicco.

Mont Cenis. — Voici maintenant le tracé adopté pour le projet en cours d'exécution.

Le *Victor-Emmanuel* peut être divisé en cinq sections :

1° Du Rhône à Saint-Jean-de-Maurienne, rampes maxima, 0,016.
2° De Saint-Jean-de-Maurienne à Modane, rampes maxima, 0,032.
3° De Modane à Suze, rampes maxima, 0,035.
4° De Suze à Turin, } rampes dans les conditions ordinaires d'une bonne
5° De Turin au Tessin, } exploitation.

C'est dans la troisième section qu'est compris le tunnel appelé improprement du mont Cenis. Il passe en réalité sous le col de Fréjus, à 25 kilomètres environ en aval du col du mont Cenis. L'entrée est au village des Fourneaux, un peu au-dessus de Modane, à une altitude de 1,202^m38; la longueur totale est de 12 k. 22. Il doit se raccorder avec la voie ferrée par des entrées établies en courbe sur le flanc très-abrupte de la montagne; elles remplaceront, une fois le travail terminé, les têtes établies provisoirement dans la direction générale du tunnel.

Jusqu'à l'achèvement du percement, le mont Cenis est franchi par la route. Malgré les prix élevés et les transbordements que nécessite ce parcours, 40,000 voyageurs et 20,000 tonnes de marchandises passent le col chaque année. On a déjà pensé que les communications postales et le trafic avec l'Inde pourraient avec avantage, après l'achèvement de la galerie, être transférées de Marseille à quelque port d'Italie. A l'appui de cette assertion, on a cité une ligne directe entre Paris, Mâcon, Culoz,

Turin, Ancône, Brindisi, sur la côte italienne. D'ailleurs, ajoute l'ingénieur anglais Sopwith, qui indique ce parcours, le port de Marseille est très-difficile en hiver. Voici, du reste, les parcours respectifs :

De Londres à Alexandrie par Ancône,   2,479 milles.

—   —   par Marseille, 2,680   —

Et avec une vitesse de 30 milles à l'heure en chemin de fer, et 30 milles par mer, cela fait, pour le nouveau parcours, une économie de trente-cinq heures.

MACHINES PERFORATRICES

Appareil de Maus. — Perforatrice Bartlett. — Machine Castelain. — Machine Talbot et Wilson. — Perforatrice Beaumont. — Perforatrice Lisbeth. — Machine Schwartzkopf et Philippson. — Perforatrice Leschot, construite par M. Pihet. — *Machine perforatrice de M. Sommeiller* (fig. 3, pl. II). — Mouvement de projection du burin en avant. — Mouvement de rotation. — Mouvement général d'avancé ou de recul. — *Travail de la machine, percement de la galerie d'avancement* (fig. 1 et 2, pl. II). — Affût, tender. — Ventilation. — *État actuel des travaux. — Légende correspondante à la planche II.*

Les machines qui servent à entamer les couches de terrains dans les travaux des mines, soit pour briser la roche au moyen de la poudre, soit pour la détacher en grands blocs sans la morceler, au moyen de leviers et de coins, comme le faisaient les Romains et comme on le fait encore dans les carrières d'où l'on extrait les meules de moulin, sont connues sous le nom général de *machines perforatrices*. Sans vouloir écrire sur ces machines un traité général, qui ne serait d'ailleurs pas utile dans la question actuelle, nous nous occuperons surtout de celles qui ont été essayées ou simplement proposées pour le percement des tunnels en général et celui du mont Cenis en particulier. Ces machines, qu'elles marchent soit à la vapeur, soit par l'air comprimé, soit à bras d'homme ou par n'importe quel autre moyen, se divisent en deux grandes classes selon leur mode d'action.

1° Celles qui agissent par percussion, par chocs rapides et successifs, dites *perforatrices à choc;* 2° celles qui agissent en tranchant ou coupant la roche, sans choc et d'une manière continue, comme les outils d'une machine à raboter.

Machine Maus. — La machine de M. Maus rentre dans la première classe. Comme nous l'avons déjà dit, cet ingénieur faisait marcher, par les chutes naturelles des Alpes, des roues hydrauliques dont il transmettait le mouvement jusqu'au front d'attaque, au moyen d'un câble roulant sur des poulies placées sur des supports de distance en distance; quoi qu'il en soit de ce système de transmission, qui offre la plus grande analogie avec celui de M. Hirn de Logelbach, nous devons nous occuper ici de l'outil perfora-

Détail de la perforatrice Sommeiller.

teur. Des ressorts à boudin étaient bandés par « un mécanisme analogue à celui d'une machine à musique : un arbre tournant sur son axe, qui agrafe le ressort et l'abandonne bientôt à sa vibration naturelle (1). Des lignes de ciseaux indépendants les uns des autres, touchés alternativement par des doigts de fer, découpaient le front de taille par bandes parallèles qu'on abattait ensuite avec des leviers et des coins, sans le secours de la poudre (2). »

(1) *Il Traforo delle Alpi*. (*Revue des Deux Mondes*, 1865.)
(2) Machines Lambert (Amérique, 1853-1854). Elles percent des fourneaux de mine pour l'usage de la poudre, ou bien des trous circulaires permettant d'abattre les blocs avec des leviers.

L'objection principale que l'on fit à cet engin fut la perte de travail résultant du frottement du câble sur les poulies. Ce frottement, cependant, pouvait, par suite de certaines dispositions spéciales, être beaucoup diminué, et l'on en a eu la preuve, puisque plusieurs transmissions de ce genre ont été établies d'après les idées de l'ingénieur Hirn (1) et ont donné des résultats satisfaisants, notamment, au lieu dit Dusino, sur le chemin de fer de Turin à Genève, où une force de trois cents chevaux est transmise à une distance de 2,500 mètres au moyen d'un câble animé d'une vitesse de 40 kilomètres à l'heure. Quoi qu'il en soit de la validité de cette objection, ce système fut abandonné en 1850.

Machine Bartlett. — En 1855, l'ingénieur anglais Bartlett prit un brevet pour une machine à percer les trous de mine ; elle rentrait, comme la précédente, dans la première catégorie. Cette machine est locomobile et à action directe, c'est-à-dire qu'elle est facilement transportable. La vapeur agit dans un corps de pompe fixé à la partie supérieure de la chaudière comme dans les locomobiles ordinaires que l'on emploie pour les travaux agricoles et autres. Le piston est directement attaché par sa tige à un second piston qui fonctionne dans le cylindre d'une pompe à air, aspirant et refoulant successivement un troisième piston complétement indépendant des deux premiers, et qui porte le fleuret. Un coussin d'air, interposé entre les deux pistons, augmente, par sa détente, l'intensité du choc.

La rapidité de cette machine est extrême, elle permet de donner jusqu'ici deux et trois cents coups par minute ; de plus, elle imite l'action du mineur, car, outre le mouvement de projection en avant, elle communique à l'outil un mouvement lent de rotation. L'intervention du matelas d'air est précieuse, car elle évite la réaction de la roche sur l'outil, qui pourrait se trouver brisé (2).

(1) Cet appareil fonctionne à l'Exposition universelle de 1867, sous le nom de *câble télodynamique.*

(2) Il n'est pas sans intérêt de comparer le matelas d'air de l'appareil Bartlett avec la machine Castelain, décrite par M. Devillez dans son rapport au comité des directeurs-gérants des charbonnages du couchant de Mons. Il s'agit ici de mettre en mouvement un énorme fleuret de 200 kilog. avec un biseau de 10 centimètres environ. Le diamètre des fourneaux de mine est de 0ᵐ11 et le maximum de la course 0ᵐ125.

L'analogie réside dans la compression et l'expansion d'un ressort métallique à cylindre d'acier, ramenant et rejetant l'outil tout comme le fait le matelas d'air de la machine ci-dessus. Cet outil est, malgré son poids, assez facile à manier et à orienter. Ajoutons qu'après chaque coup, il est animé d'un mouvement angulaire de rotation.

En rendant justice au mérite de la machine Bartlett, on doit dire qu'elle a l'inconvénient de marcher à la vapeur, ce qui la rendait impropre à un travail tel que celui du percement des Alpes, où l'aération était la difficulté capitale et jusque-là insurmontable. Quant à la transmission de la vapeur dans des conduites, depuis les chaudières situées à l'entrée du tunnel jusqu'aux chantiers d'abattage, c'est une opération peu pratique et dans laquelle il est impossible d'éviter des condensations considérables.

La question ne devait être résolue d'une manière entièrement satisfaisante que par l'application de l'air comprimé comme agent unique de propulsion du piston; mais, avant d'entrer dans les détails de cette application, qui est l'œuvre de MM. Grandis, Grattoni et Sommeiller, nous avons pensé qu'il pouvait sembler intéressant au lecteur de jeter un coup d'œil rapide sur quelques autres machines à percer.

Machine Talbot et Wilson. — Cette machine, décrite par M. Devillez dans le rapport déjà cité, présente un axe central autour duquel sont disposés des fleurets ou disques animés, chacun en particulier, d'un mouvement de rotation; ils creusent comme des rabots, et comme leur mouvement propre est combiné avec un mouvement de rotation général du système autour de l'arbre central (1), on comprend que cette série d'outils se mouvant avec ensemble découpe une section annulaire formant un demi-tore. Dans un schiste talqueux, gris noirâtre, coupé par des filons de quartz ou de grès dur, cette machine a donné des résultats satisfaisants. Un avancement de 1^m effectué en dix heures dans une galerie de 5^m 20 coûte 150 francs.

L'action de ces fleurets tournant autour d'un axe central, enlevant peu de matière à la fois, ne se déplaçant qu'au fur et à mesure, et opérant simulta-

(1) Nous trouvons là une analogie frappante avec une autre machine, marchant à l'air comprimé, la perforatrice Beaumont.

Mais ici les cinquante fleurets fixés sur le disque, creusent autant de rainures circulaires, dont les rayons vont en diminuant en se rapprochant du centre. Cet appareil qui figure à l'Exposition de 1867, galerie des machines, section anglaise, est surtout remarquable par la manière simple et véritablement pratique dont sont fixés les fleurets. Cependant, on ne peut méconnaître qu'ils ne soient très en porte-à-faux, et il nous paraît que l'ensemble de cet outillage n'a rien qui puisse le faire préférer à celui imaginé par M. Sommeiller.

On remarque encore dans la section anglaise un exemple de l'application de l'air comprimé à une machine à caver, c'est-à-dire à creuser des rainures en sens quelconque pour faciliter l'abattage des blocs de houille.

Ces deux exemples font comprendre au public combien, en mécanique, une solution exacte et rationnelle d'un problème amène d'applications diverses et variées.

nément, peut être considérée comme une bonne combinaison. Il ne faut cependant pas oublier que l'appareil est forcément compliqué, que les réparations de cette série de fleurets ne sont pas aisées en galerie, et qu'il reste encore, au milieu de l'entaille circulaire, un bloc adhérent à détacher; que plus la section augmente, plus ce bloc présente de difficultés pour sa désagrégation complète.

Machine Lisbeth. — Un ingénieur belge, M. Lisbeth, à Bully-Grenay, a eu l'idée de se servir, pour forer les trous de mines, d'une lame d'acier tordue en hélice, qui ramène hors du trou les produits désagrégés. L'avancement est donné par une vis tournant dans un écrou fixe, ce qui a l'inconvénient de donner au foret un mouvement d'avancement constant ; or, dans une roche dure, ce fleuret risquera d'être brisé. M. Devillez a remarqué que, lorsque l'ouvrier chargé de l'avancement marche trop vite, celui qui donne le mouvement de rotation devient impuissant à tourner. L'essai rapporté par le même auteur a donné dans les schistes durs :

Pose de l'outil : 3 minutes.
Premier outil, en 1 minute 25, perce 0^m 30.
Changement d'outil : 0 minute 50.
Percé en 1 minute 25, un trou de 0^m 30.
Soit donc un total de 6 minutes pour percer un trou de 0^m 60. Un homme a tourné avec une vitesse de 1^m 33 par seconde.

M. Lisbeth a proposé l'application de son foret aux grands percements. Il n'indique pas comment il compte employer l'air comprimé. Cette application a été faite par MM. Schwartzkopf et Philippson, et nous donnons ici (*fig. A*) un dessin de leur appareil.

Il est solidement fixé entre le toit et le mur de la galerie au moyen d'une colonne en fonte munie à son extrémité inférieure de quatre pointes et à la supérieure d'un écrou pour exercer le serrage. Le perforateur est porté sur une bague qui chemine le long de la colonne au moyen d'une crémaillère ; ce mouvement, combiné avec diverses inclinaisons de l'outil, permet de l'orienter convenablement. L'air comprimé arrivant à la partie postérieure de l'appareil donne à la fois les deux mouvements, l'un de rotation, l'autre d'avancement. Il est certain que l'excédant de force motrice dont on peut disposer dans ce cas sera un grand avantage lorsqu'il s'agira d'attaquer des roches dures, pourvu que le foret soit assez résistant. Dans tous les cas, cet outil sera toujours inférieur aux fleurets à percussion.

Perforatrice Leschot. — Ayant remarqué que dans l'action des perforateurs qui opèrent en taillant la roche comme dans ceux qui opèrent par choc, l'usure des outils est considérable et force à des changements fréquents qui entravent la marche générale de l'opération, M. Leschot eut l'idée d'entamer la roche par frottement, au moyen de la matière la plus

Fig. A.

dure que l'on connaisse, le *diamant*. Il prit des diamants noirs, dont le prix est relativement peu élevé, et les disposa à la circonférence d'une bague d'acier, qui, douée d'un mouvement simultané de rotation et d'avancement, devait découper dans la roche une couronne circulaire profonde, présentant à son centre un noyau plein facile à détacher. Nous donnons ici un appareil construit sur les données de M. Leschot (*fig. B*).

La machine est calée dans la galerie au moyen d'une colonne verticale formée de deux flasques de tôle. Une rainure est pratiquée dans celles-ci, dont le bord taillé en crémaillère permet de donner à l'appareil des mouvements dans le sens vertical; lorsqu'on lui a donné l'inclinaison convenable, on le fixe dans cette position au moyen de deux vis qui pressent contre la roche des deux côtés du bâti. L'axe de celui-ci est occupé par l'arbre de la perforatrice, le mouvement lui est donné par une pression d'eau placée à l'arrière du bâti. Un courant d'eau injecté par l'axe de la bague rafraîchit l'outil et entraîne les matières désagrégées.

Cet appareil, qui a fonctionné d'une manière convenable dans le tunnel de Port-Vendres, n'a pas donné, dans des terrains plus résistants, toute la satisfaction que l'on en attendait. Malgré leur dureté, les diamants s'usent encore assez rapidement, ou bien ils se déchaussent et quittent la bague.

Malgré tout, c'est le perforateur Sommeiller (1) qui, jusqu'à présent, semble

Fig. B.

réunir au plus haut degré les qualités spéciales recherchées dans ce genre d'appareils, dans des travaux considérables comme étendue et comme durée. Du reste, pour arriver à des résultats précis et découlant de calculs rigoureux, il faudrait pouvoir se rendre un compte exact de l'usure des pointes, car les meilleurs aciers résistent mal, même unis au wolfram ou au tungstène, qui cependant en augmentent notablement la dureté.

(1) On peut ajouter à cette série une machine inventée par Sach et Doering, utilisée dans quelques mines en Prusse et à Moresnet dans les mines de zinc de la Vieille-Montagne. Comme elle est décrite avec les détails nécessaires dans le numéro de décembre 1866 de l'*Engineering*, nous dirons seulement qu'elle travaille à l'air comprimé, qu'un courant d'eau nettoie le trou à forer, qu'elle est solidement établie sur un châssis à quatre roues. On peut disposer cet appareil sur colonne et percer des trous dans toutes les directions. Nous ne pouvons cependant signaler aucun principe nouveau dans l'ensemble de l'outil, qui est compliqué. Les réparations doivent être assez fréquentes.

MACHINE PERFORATRICE DE M. SOMMEILLER.

Il est sans nul doute qu'au moment où parut la perforatrice Bartlett, elle donna des résultats plus satisfaisants qu'aucune de celles qui l'avaient précédé; mais, lorsqu'on voulut appliquer l'air comprimé à cet outil, on rencontra des difficultés. Le cylindre à vapeur construit pour supporter une pression bien inférieure à six atmosphères forçait à détendre l'air comprimé avant de l'employer; de là, perte de travail et incertitude dans les expériences. De plus, la machine Bartlett avait un grand défaut : l'avancement du fleuret était réglé par la machine sans avoir aucun égard à la dureté plus ou moins grande de la roche à entamer ou aux accidents possibles dans le travail; cela pouvait, à un moment donné, amener de graves désordres et même jusqu'au bris de l'outil. En définitive, cet appareil, remarquable surtout au point de vue des résultats obtenus, puisqu'il travaillait quinze à vingt fois aussi vite que deux bons mineurs (1), fut entièrement étudié à nouveau par les ingénieurs piémontais.

Cette machine était volumineuse, ils en ont réduit les dimensions, ils l'ont complétement transformée : de l'appareil anglais à trois pistons et deux cylindres, il ont fait une petite machine qui s'inscrit dans un parallélipipède de 2^m 10 de long sur 0^m 23 de large et 0^m 40 de haut, facilement transportable par deux ouvriers, et tenant si peu de place qu'on peut en aligner jusqu'à dix contre le front d'attaque.

Cet appareil présente au premier coup d'œil deux moteurs distincts concourant tous deux au but unique qui est la perforation de la roche. Ces moteurs marchent tous deux par l'air comprimé; l'un, X (*pl.* II, *fig.* 3), mène directement le burin destiné à percer le trou de mine, et a pour unique objet de lui faire donner les coups violents et répétés qui doivent entamer la roche.

Mais, à côté de ce mouvement simple, l'outil doit en accomplir d'autres : il doit tourner lentement sur lui-même, afin de ne pas s'engager dans l'entaille qu'il a formée, et en même temps s'avancer progressivement, au fur et à mesure de l'approfondissement du trou, ou reculer subitement pour différents cas accidentels, le changement d'outil par exemple.

Ces mouvements divers sont produits par la machine X' et communiqués à

(1) Par exemple, dans la pierre à chaux, pendant que deux mineurs font un trou de $0^m,022$, la perforatrice produit un trou de $0^m,492$.

l'outil par l'intermédiaire des arbres A et B. Ce dernier moteur est en même temps chargé de régler l'admission de l'air comprimé dans le cylindre X. Ceux de nos lecteurs qui sont depuis longtemps familiarisés avec l'agencement d'une machine à vapeur s'étonneront peut-être que l'on fasse mouvoir le tiroir de la machine X au moyen d'une seconde machine X' indépendante de la première, tandis qu'une machine à vapeur mène elle-même son tiroir. Mais il ne peut pas en être ainsi dans le cas qui nous occupe, et la manœuvre du tiroir T, qui doit s'opérer avec une régularité presque mathématique, ne peut pas s'effectuer par le moyen du piston P qui mène *directement* le burin *a*, parce que cette liaison intime du burin et du piston oblige ce dernier à suivre exactement les mouvements de l'outil dont le choc contre la roche est forcément soumis à des irrégularités aussi variées qu'impossibles à éviter.

La machine X a pour organe principal un piston P dont une extrémité S' porte l'outil, tandis que l'autre S est creusée en gaîne où s'emboîte la tige carrée B.

Or, si l'on examine attentivement l'ensemble du piston P et des deux tiges B et *b*, on verra que la section de la tige B est plus faible que celle de la tige *b*, d'où il suit que la surface annulaire présentée en S autour de la tige B est plus grande que la surface annulaire en S' autour de la tige *b*; il résulte de là que, si les deux faces du piston étaient soumises à la même pression, la force agissant sur S serait plus grande que la force agissant sur S', ce qui fait que le piston avancerait dans le sens de S vers S'. Ceci posé, l'admission de l'air comprimé dans le cylindre X est organisée de telle sorte qu'il agît constamment sur la face S' du piston. Concevons maintenant que l'air comprimé soit introduit par l'orifice O à l'autre extrémité du cylindre, de manière à agir sur la surface S; les surfaces S et S' étant alors soumises à la même pression, le piston sera lancé en avant à cause de l'excès de S sur S', et le burin frappera un coup violent sur la roche. Mais alors, le tiroir T est manœuvré de façon à mettre en regard les deux ouvertures O', O', ce qui permet à l'air comprimé de l'espace B de s'échapper au dehors : la pression en S devient bientôt égale à la pression atmosphérique; la force agissant sur la surface S', qui est toujours soumise à la pression de six atmosphères, prend alors le dessus, et le piston recule pour être immédiatement après rejeté en avant, et ainsi de suite. Les ouvertures O' et O'', par lesquelles l'air peut s'échapper, ne sont pas disposées juste à l'extrémité du corps de pompe, de sorte qu'il y a toujours un peu d'air emprisonné entre le piston et le fond du cylindre ; cet air fait matelas pour amortir les chocs aux deux extrémités de la course du piston.

Là se bornent les fonctions du moteur X ; nous allons maintenant nous occuper de X' ; c'est une machine à air comprimé, conduite et agencée absclument comme une machine à vapeur. Le mouvement de va-et-vient de la tige du piston, guidée sur une glissière au moyen du patin z, se communique par la bielle $c\,d$ et la manivelle $d\,e$ à l'engrenage d'angle r', qui le transmet à l'arbre carré A. Un volant V régularise le mouvement autant qu'il est possible.

Voyons d'abord comment s'effectue la manœuvre du tiroir T de la machine X. L'air comprimé arrive au moyen du tuyau T' dans une boîte qui enveloppe le tiroir ; celui-ci est attaché à une tige qui traverse la paroi de la boîte, de telle sorte que l'extrémité t de la tige est soumise à une pression de six atmosphères, tandis que l'autre extrémité supporte une pression d'une atmosphère seulement ; il résulte de là que le tiroir est constamment poussé comme par un ressort dans le sens de t vers l'extérieur. Mais ce mouvement est limité par l'organe C qui tourne avec l'arbre A et contre lequel vient buter l'extrémité opposée à t ; suivant que c'est le point i' ou le point diamétralement opposé qui se présente à l'extrémité de la tige, le tiroir s'avance plus ou moins, de façon à faire coïncider les ouvertures O,O, permettant l'entrée de l'air dans le cylindre, ou les ouvertures O',O' qui le laissent échapper au dehors. De la vitesse de rotation de l'organe C dépend la fréquence des coups de burin.

Quant au mouvement de rotation de l'outil sur lui-même, il est donné par l'arbre A au moyen d'une transmission spéciale dont les organes principaux sont les roues I et R, et qui est représentée en élévation, *fig. 4, pl. II.* Sur l'arbre carré A est fixée une roue excentrique I entourée d'un collier ff' portant un doigt I', lequel vient se poser sur les dents d'une roue à rochet R portée par la tige B. Lorsque la roue I tourne autour de l'axe A, le collier tend à la suivre avec le doigt I', mais celui-ci est arrêté par les deux buttoirs h et r, et l'excentricité de la roue I a simplement pour résultat de donner au doigt I' un mouvement alternatif de montée et de descente entre les deux buttoirs. Chaque fois qu'il redescend, il pousse une dent de la roue R et la fait tourner d'un seizième de tour, car il y a seize dents. Ce mouvement est communiqué par la tige carrée B au piston P dans lequel elle entre à fourreau, et comme le piston est lié invariablement à l'outil a, celui-ci se trouve animé d'un mouvement de rotation lent. L'organe C qui fait mouvoir le tiroir et la roue I étant fixés sur le même arbre A tournent avec la même vitesse, de sorte que pour chaque tour de cet arbre, l'organe C fait frapper un coup au burin en même temps que la roue I le fait tourner d'un seizième de tour.

Il nous reste à expliquer le mouvement d'avancement et de recul de l'outil. Or, c'est le moteur X lui-même qui avance ou recule entre les longerons L qui supportent tout l'appareil, entraînant avec lui les organes accessoires, tels que les roues C et I qui glissent le long de la tige A.

Voici comment les choses se passent : à chaque coup de burin le trou se creuse, de sorte que l'outil entre plus profondément dans la roche et que, par suite, le piston P s'approche de plus en plus du fond g du cylindre. Une fois celui-ci atteint, le burin frapperait inutilement la roche sans pouvoir l'entamer plus avant. Mais l'appareil est disposé de telle sorte que, juste au moment où le burin va se trouver limité dans sa course, un bourrelet K, fixé au porte-outil M, atteint un bouton U', *fig.* 3. Ce choc fait baisser la tige U malgré la résistance de la lame de ressort N, et la dent D se trouve dégagée d'une crémaillère taillée sur la face inférieure des longerons. Aussitôt, la tige U obéit à l'action d'un ressort à boudin J qui la pousse en avant, et au moyen d'une fourchette E, elle entraîne dans ce mouvement un manchon d'embrayage G qui communique à la roue H, qui est folle sur l'arbre B, le mouvement de rotation de la roue R. Or, la roue H est taillée en vis, de sorte que sa rotation produit un mouvement d'avancement entre les deux longerons L, qui sont eux-mêmes taillés en écrou. Ce mouvement dure tant que la dent D n'est pas de nouveau engagée dans la crémaillère ; mais aussitôt que la dent D remonte, le ressort J se comprime et repousse la tige U et l'embrayage G : la roue H ne tourne plus, et le cylindre X, qu'elle poussait en avant, redevient immobile. Il résulte, de ce mouvement d'avancement du cylindre, que le piston s'est éloigné d'autant du fond g, en revenant sur la tige B, tandis que le cylindre glissait sur sa surface latérale.

Si l'on veut ramener l'outil en arrière, on peut, à la rigueur, se contenter d'inverser le mouvement de l'arbre A après avoir dégagé à la main la dent D. Mais le mouvement donné par la roue R est trop lent, et comme cette opération du recul de l'outil doit être faite avec vivacité, on donne à la tige B un mouvement de rotation beaucoup plus rapide en faisant glisser à la main la roue F'' le long de l'arbre carré A, de façon à la mettre en contact avec la roue F' qui entraîne dans son mouvement la roue F calée sur la tige B ; cette dernière tourne alors, avec la même vitesse que l'arbre A, et le cylindre X est rapidement ramené en arrière, toujours au moyen de la roue H. Il reste à dire que le tube à air T' est formé d'anneaux mobiles comme ceux d'une lunette d'approche, ce qui lui permet de s'allonger et de se raccourcir facilement pour suivre les mouvements de la boîte du tiroir à laquelle il est attaché.

L'outil est une barre ou fleuret a, dont l'extrémité est taillée en forme de Z. (*fig. 5, pl. II.*) La course de la machine est de $0^m 80$, mais les trous que l'on perce ont $0^m 90$ de profondeur; on arrive à ce résultat en changeant la longueur des burins : cette longueur varie de $0^m 50$ à 2 mètres. Le diamètre des trous percés normalement par le fleuret est de $0^m 04$, mais on lui en fait percer du diamètre de $0^m 09$ au moyen d'un renflement dont il est muni à 20 centimètres en arrière de la tête.

Pour combattre l'échauffement de l'outil et entraîner les matières broyées, on dirige dans le trou, au-dessus de l'outil, le bec d'une petite lance Y qui injecte de l'eau provenant d'un réservoir dont l'intérieur subit la pression de six atmosphères.

TRAVAIL DE LA MACHINE. — PERCEMENT DE LA GALERIE D'AVANCEMENT.

(*Fig. 1 et 2, pl. II.*)

Les machines perforatrices servent à percer la galerie d'avancement de 3 mètres de hauteur sur 4 mètres de largeur, que l'on élargit ensuite pour arriver à la section définitive du tunnel. Elles sont disposées au nombre de huit sur un chariot en fer MN qui prend le nom d'*affût*; il est fixé sur 4 roues portées sur des rails que l'on pose au fur et à mesure de l'avancement. Des montants verticaux E et D servent à maintenir les barres horizontales auxquelles sont attachées les machines; on peut monter ou descendre celles-ci à volonté au moyen d'écrous cheminant sur les montants E et D sur lesquels est tracé un pas de vis; on peut les incliner dans le plan vertical ou les placer obliquement dans un plan quelconque, par le jeu des agrafes qui les attachent aux montants, de sorte qu'elles peuvent attaquer la roche dans toutes les directions.

Lorsque, le 12 janvier 1861, les machines entrèrent pour la première fois en galerie sur l'attaque piémontaise, l'affût ne porta d'abord qu'une seule perforatrice, puis deux. Mais, le 26 janvier 1861, l'affût ayant été armé de quatre machines, la confusion se mit dans la manœuvre ; l'ordre se rétablit cependant, et maintenant on travaille facilement avec huit machines sur le même affût. En 1863 eut lieu l'attaque du versant nord, et les ouvriers étaient assez exercés pour obtenir une marche régulière presque immédiatement. On faisait d'abord une explosion en vingt-quatre heures, bientôt le travail s'accéléra, on en fit deux, et, à l'heure qu'il est, on a acquis assez d'habileté dans la manœuvre des machines pour faire par jour trois de ces opérations qu'on appelle des *reprises*.

L'affût étant garni de ses huit machines prêtes à fonctionner, on l'amène au fond de la galerie, et on crible celui-ci de quatre-vingts à cent trous disposés en rangées horizontales et dont la profondeur est de $0^m 90$. Leur diamètre est de $0^m 04$, sauf six d'entre eux, placés dans les deux lignes horizontales occupant le milieu de la hauteur de la galerie, qui ont un diamètre de $0^m 09$. Ce travail est terminé en six heures. On retire alors l'affût en arrière, et on le sépare du fond par deux portes massives en chêne qui servent aussi à abriter les ouvriers lorsque la mine éclate. On nettoie et on assèche les trous au moyen d'un jet d'air comprimé, puis on procède aux explosions avec des cartouches toutes préparées. On fait d'abord partir les mines des deux files du milieu, et comme on a eu soin de laisser vides les trous de $0^m 09$ de diamètre, ils créent des lignes de moindre résistance, suivant lesquelles la roche éclate de façon à laisser après l'explosion un vide de $1^m 30$ de long sur $0^m 40$ de haut. On fait ensuite partir successivement les autres mines tout autour de ce trou qui s'élargit progressivement.

Après cette série d'explosions, la roche est broyée en fragments peu volumineux, faciles à charger dans des caisses telles que C', portées par des wagonnets qui roulent sur une petite voie latérale. Les déblais arrivent ainsi aux lieux de dépôt, d'où ils sont enlevés dans de grands wagons circulant sur les voies principales. Ils descendent jusqu'aux rives de l'Arc par un plan incliné automoteur, qui a 106 mètres de hauteur sur 260 mètres de base. Les wagons descendants pleins de déblais en rencontrent d'autres portant des matériaux.

L'affût MN est suivi d'un chariot PQ nommé *tender*. L'ensemble est mis en marche par une machine à air comprimé A, qui communique son mouvement à l'une des roues par l'intermédiaire de l'engrenage.

L'affût et le tender sont munis de freins F, ainsi que les wagonnets qui servent à enlever les déblais.

Le tender porte un réservoir à eau C, alimenté par des puits creusés de distance en distance et au moyen de la pompe à air comprimé B. De ce réservoir C, mis en pression au moyen de l'air comprimé, l'eau passe dans un deuxième réservoir porté par l'affût, d'où partent des tuyaux en nombre égal à celui des machines perforatrices. L'affût porte enfin un troisième réservoir R, d'où sortent les conduits d'air comprimé pour la manœuvre de chacun des perforateurs.

Pour chasser les gaz délétères produits en grande quantité par la combustion de la poudre, on ouvre tous les conduits d'air comprimé, de sorte que les travaux au fond de la galerie peuvent être repris presque immédiatement. Mais ces nuages de fumée avancent très-lentement dans la petite galerie, ce qui fait qu'ils incommodent les ouvriers occupés à l'enlèvement des déblais et à l'avancement en grande galerie. On a remédié à cet inconvénient du côté de Bardonnèche en établissant à l'ouverture du tunnel une cheminée d'appel dont le tirage est sollicité par un ventilateur ; elle communique avec la petite galerie par l'aqueduc souterrain placé au centre du tunnel. Mais du côté nord, où la différence entre l'entrée du tunnel et le point milieu est de 135 mètres, on n'aurait pas pu construire une cheminée assez haute ; M. Sommeiller a fait établir une machine nouvelle, une sorte de pompe aspirante qui extraira l'air vicié du tunnel par un conduit en planches passant sous la clef de voûte.

Nous n'avons pu avoir le projet de donner dans cette étude un travail complet sur la traversée des Alpes. A M. Sommeiller seul il appartiendra de publier une relation détaillée de ce beau travail. Tout ce que nous pouvons faire, c'est de mettre sous les yeux de nos lecteurs le résultat atteint dès aujourd'hui.

État actuel des travaux. — La rapidité du percement a toujours été en s'accélérant ; de 170 mètres que l'on avait parcourus en 1861 du côté de Bardonnèche, on est passé à 310 en 1862, puis 426 mètres en 1863, 625 mètres en 1864, 765^{m}30 en 1865, et enfin, en 1866, on a avancé de 812^{m}70. Les progrès n'ont pas été aussi rapides du côté de Modane. On commença par avancer de 376 mètres en 1863, puis 458 mètres en 1864. Le commencement de 1865 donnait d'excellents résultats, lorsque le

13 juin, le terrain anthracifère cessa tout à fait, et l'on attaqua le *quartzite* situé à 2,094 mètres de la tête actuelle du tunnel. La marche fut considérablement ralentie, et elle n'a pas été au delà de 0ᵐ 65 par jour, tandis que du côté de Bardonnèche elle était dans le même moment, d'après les derniers rapports du *Giornale del Genio civile*, de 2ᵐ 91 par jour.

En 1865, l'avancement ne fut que de 458ᵐ 50 du côté de Modane, et en 1866 il n'a pas dépassé 212ᵐ 21. Cet énorme retard tient d'ailleurs à des circonstances fortuites. Ainsi, à la fin de décembre 1865, le choléra a envahi les chantiers, puis en octobre 1866, l'Arc vint inonder les travaux. Hâtons-nous de dire que, depuis lors, les travaux ont marché avec une régularité parfaite et qu'ils doivent maintenant atteindre une rapidité aussi grande que ceux de Bardonnèche, car le banc de quartzite est définitivement franchi, et on avance dans le même terrain que sur l'attaque piémontaise.

Une nouvelle cause de ralentissement forcé est la construction définitive de la grande galerie du tunnel qui se présente sous forme d'un plein cintre de 8 mètres de diamètre, avec des pieds-droits en arc de cercle de 10 mètres de rayon. La hauteur totale est de 6 mètres sous clef; la largeur a la base de 7 mètres nécessaire à deux voies parallèles et deux trottoirs de 0ᵐ 70. Sous le sol règne un aqueduc voûté de 1ᵐ 20 de haut sur 1 mètre de large pour l'écoulement des eaux ; il pourrait au besoin servir de retraite aux ouvriers en cas d'éboulement. (*Voir pl. III, fig. 7.*)

Or la construction des maçonneries doit suivre le percement de la petite galerie pour ne pas laisser à la roche le temps de se déliter, ce qui deviendrait dangereux ; dès lors, on ne doit pas pousser la petite galerie trop avant, ou tout au moins, faut-il en régler l'avancement sur celui de la maçonnerie définitive. A la fin de 1866, le tunnel était complétement construit jusqu'à 290 mètres en arrière de la petite galerie, du côté de Modane, et jusqu'à 900 mètres du côté de Bardonnèche.

Quoi qu'il en soit de ces différents retards, on avait à la fin de l'année dernière percé 3,900ᵐ 20 du côté de Bardonnèche, et 2,434ᵐ 26 à Modane, soit 6,334ᵐ 46 en tout, c'est-à-dire plus de la moitié de la longueur totale. On peut légitimement compter que les petites galeries seront rejointes en 1871, et le tunnel livré à la circulation en 1873, si de nouvelles perturbations ne sont pas apportées dans l'organisation des chantiers par des causes que la science des ingénieurs est impuissante à prévoir.

D'ailleurs, en attendant ce résultat définitif, on a entrepris depuis un an et demi la pose d'une voie provisoire du système Fell sur la route de Suze à Saint-Michel. On a dû percer plusieurs petits souterrains et faire quelques tranchées pour éviter des replis trop brusques de la route internationale; ces travaux sont terminés, et malgré quelques accidents imprévus, on peut espérer que l'ouverture de la voie ferrée aura lieu dans le courant de cet été.

Cette voie est simplement destinée à relier la France et l'Italie, de manière à satisfaire les intérêts commerciaux mieux que ne le fait la route, pendant le temps que durera la construction de la ligne définitive à l'ouverture de laquelle la voie à ciel ouvert sera naturellement supprimée.

LÉGENDE CORRESPONDANTE A LA PLANCHE. II.

Fig. 1 et 2. — Vue, en coupe transversale et longitudinale, des travaux dans la galerie d'avancement.

M, N. Affût.

A. Machine à air comprimé pour faire marcher l'affût.

D, E. Montants à pas de vis servant à fixer les machines perforatrices.

F. Frein.

P, Q. Tender.

C. Réservoir d'eau.

B. Pompe d'alimentation marchant à l'air comprimé.

C'. Caisses servant à enlever les déblais.

Fig. 3. — Détail de la machine perforatrice.

X. Machine à air comprimé, conduisant directement l'outil.

P. Piston.

T. Tiroir.

a. Burin.

M. Porte-outil.

X'. Machine à air comprimé, conduisant le tiroir T, en même temps qu'elle produit la rotation lente du burin ainsi que les mouvements en avant et en arrière du cylindre X.

Z. Patin guidé sur une glissière.

c, d. Bielle.

d, e. Manivelle.

r. Engrenage d'angle communiquant le mouvement à l'arbre carré A.

V. Volant.

L. Longerons sur lesquels est fixé tout l'appareil.

T''. Tuyau amenant l'air comprimé à la boîte du tiroir.

Y. Lance injectant de l'eau dans le trou de mine, pour le nettoyer et refroidir l'outil.

Fig. 4. — Vue de l'appareil suivant la coupe par α β.

Fig. 5. — Vue de face de l'extrémité de l'outil.

Fig. 6. — Wagonnet servant à enlever les déblais.

F. Frein. Ce frein, comme ceux dont sont munis l'affût et le tender, agit par pression sur le rail.

a, b. Levier de manœuvre du frein F.

MACHINES A COMPRIMER L'AIR

Compresseur à choc (fig. 1, pl. III) : Principe théorique. — Détails de construction, mise en marche de l'appareil. — Résultats numériques. — *Compresseur à pompe* (fig. 4, 5 et 6, pl. III) : Principe théorique. — Résultats numériques. — Dispositions générales des appareils. — *Conduite d'air comprimé :* Joint étanche. — Joint de dilatation. — *Légende relative à la planche III;* Plans, élévations, coupes des appareils, détails des soupapes. — Note relative au calcul du travail développé dans les compresseurs.

Les deux livraisons que l'on vient de lire pourraient sembler suffisantes pour éclairer le lecteur sur le projet de MM. Grandis, Grattoni et Sommeiller, tant au point de vue général des circonstances politiques qui en ont retardé ou hâté la solution définitive, qu'au point de vue plus théorique, mais non moins intéressant, des détails mécaniques qui président à l'exécution.

On peut cependant y trouver une lacune : nous n'avons pas décrit les appareils par lesquels ces ingénieurs ont pu se procurer l'air comprimé qu'ils utilisent ensuite si habilement. C'est qu'il importe de bien faire ressortir que le principal mérite des trois ingénieurs piémontais réside surtout dans un fait, dont le percement du mont Cenis n'est qu'un corollaire, une application remarquable, il est vrai, de *l'utilisation des chutes d'eau pour comprimer l'air à une haute pression,* pour emmagasiner une force motrice puissante, qui possède cet avantage incalculable d'être facilement transmissible à une distance de plusieurs kilomètres. Bien que ces machines joignent à ces qualités précieuses l'avantage de fournir pour les travaux souterrains, en même temps que la force motrice, un moyen de ventilation aussi puissant qu'énergique, nous avons cru devoir en réserver la description pour une étude spéciale détachée de la question du percement, et les considérer indépendamment des perforatrices, de même qu'un générateur de vapeur est indépendant de la machine spéciale qu'il fait mouvoir.

La découverte de MM. Grandis, Grattoni et Sommeiller a donc une portée que M. de Cavour a fait brillamment ressortir : « Vous pouvez, dit-il, transformer l'eau qui tombe en force portative, et cela serait pour notre pays ce que sont pour l'Angleterre ses machines à vapeur. Nous avons, dans nos torrents, plus de force motrice que l'Angleterre dans ses mines de charbon » (1).

Mais par quel moyen les ingénieurs transforment-ils la chute en force portative ?

Deux appareils sont, dans ce moment même, en action aux entrées du tunnel.

L'un, le *compresseur à choc,* date de 1854; il offre une certaine analogie avec l'appareil connu depuis longtemps sous le nom de *bélier hydraulique,* dans lequel la force élastique de l'air, comprimé par une colonne liquide, est employée pour lancer l'eau à une grande hauteur; ici, cet air est soigneusement emprisonné pour constituer la force motrice portative. Le second appareil, dit *compresseur à pompe,* est plus nouveau; il fonctionne comme une pompe aspirante à double effet, avec cette différence que l'air n'est jamais en contact avec le piston; il en est séparé par une masse d'eau dont le volume est théoriquement invariable et qui suit tous les mouvements du piston.

Nous croyons utile, avant d'entrer plus avant dans la description détaillée de ces deux appareils, de prévenir immédiatement le lecteur qu'ils ont, au point de vue de l'emploi auquel est destiné l'air qu'ils compriment, un avantage marqué sur les machines généralement employées jusqu'à présent dans le cas où l'on a besoin d'air comprimé, comme dans les industries métallurgiques, par exemple.

En effet, dans les différentes espèces de ventilateurs, tant par aspiration que par insufflation, comme dans les machines soufflantes à piston, l'air est

____

(1) Parlement italien. Séance du 29 juin 1854.

en contact constant avec les garnitures des pistons et des soupapes; les cuirs
et les graisses dont on se sert pour rendre ces garnitures hermétiques com-
muniquent à l'air une odeur détestable qui le rendrait parfaitement impropre
à la fonction finale qu'il doit accomplir dans les travaux du percement des
Alpes, à savoir la respiration des ouvriers. L'air fourni par les appareils que
nous allons décrire, au contraire, est séparé de toutes les garnitures par des
coussins d'eau, de sorte qu'il reste parfaitement pur et inodore. Il gagne
seulement une certaine humidité qui ne peut être que profitable à l'acte de
la respiration, tandis qu'on l'écarte avec soin dans le cas des industries
métallurgiques, où l'on veut, avant tout, de l'air parfaitement sec, et quelquefois même échauffé à une haute température.

COMPRESSEUR A CHOC (FIG. 1, PL. III).

Pour comprendre facilement le fonctionnement de cet appareil, il suffit
d'examiner le croquis théorique ci-contre (*fig.* C).

En R est un réservoir situé à 26 mètres de hauteur, au-dessus du niveau
horizontal N. En tombant de cette hauteur, l'eau comprime l'air dans le réservoir R', où il est maintenu à
la pression de six atmosphères, par une colonne d'eau
désignée sous le nom de *manomètre*, alimentée par le
petit réservoir M, maintenu à un niveau constant de
50 mètres au-dessus de l'appareil. Des soupapes sont
disposées en A, B, C et O. Nous allons en expliquer
le jeu.

Supposons d'abord que la soupape A soit ouverte :
l'eau, tombant de cette hauteur de 26 mètres, acquiert
une force de propulsion et une vitesse en vertu desquelles, parcourant la branche horizontale, elle comprime, dans le réservoir R', l'air contenu dans la
branche verticale NP. Pendant tout le temps que dure cette opération, la
soupape B a été maintenue fermée; la soupape C s'est ouverte d'elle-même
pour donner passage à l'air comprimé, et la soupape O, qui n'est qu'un simple
clapet s'ouvrant de dehors en dedans, a été fortement maintenue contre son
siége par la pression intérieure.

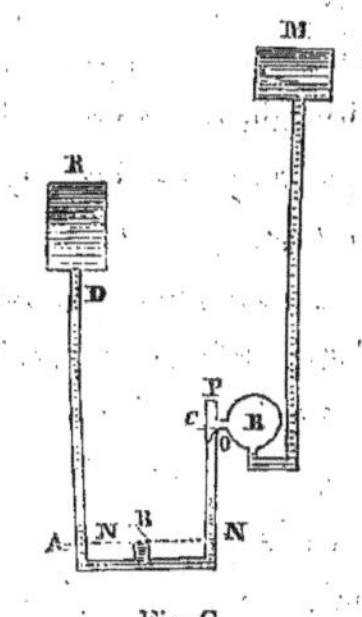

Fig C.

Ce premier acte de l'opération effectué, on ferme la soupape A et on ouvre la soupape B. La colonne d'eau CN s'écoule naturellement au dehors par l'orifice B ; la soupape C est maintenue fermée par la pression de six atmosphères régnant à l'intérieur du réservoir R', et l'air s'introduit par le clapet O. L'eau s'arrête au niveau N ; on referme la soupape B, et l'appareil est disposé pour comprimer dans le réservoir R' une nouvelle quantité d'air : le deuxième acte de l'opération est terminé. La figure indique la position des soupapes pendant cette seconde période.

On voit que l'action de l'eau dans cette machine consiste, en principe, à produire, par sa chute rapide dans le tube DA, le coup de bélier qui porte la colonne d'air CN à la pression de six atmosphères, tandis que l'effet produit par une colonne d'eau au repos ayant 26 mètres de haut et exposée à l'air libre ne serait guère que la moitié environ de celui que l'on veut obtenir. Le point important réside donc dans la force du coup de bélier. On verra plus loin, dans une légende détaillée, comment la construction a été étudiée et exécutée de façon à le rendre le plus violent possible.

Le compresseur à choc est représenté en élévation (*pl. III, fig.* 1).

D'après la marche de cet appareil, il est clair que des quatre soupapes A, B, C, O, deux, C et O, se manœuvrent automatiquement par suite du fonctionnement de l'appareil, tandis que les soupapes A et B nécessitent pour leur manœuvre l'emploi d'une force motrice extérieure. Cette dernière est donnée par une petite machine à air comprimé N, mouvant au moyen d'une courroie les deux cames *s, s'* qui agissent directement sur les tiges des soupapes.

Le réservoir à air comprimé R', est un cylindre en fer terminé par des fonds hémisphériques. Le tube manométrique correspondant à la colonne d'eau de 50 mètres s'embranche à la partie inférieure, en M. Il est muni d'un robinet-vanne *r*, qui doit toujours être ouvert pendant la marche. Au-dessus du réservoir, est un petit dôme donnant accès au tube d'arrivée d'air T, ainsi qu'à celui de prise d'air *t*. Le tube d'arrivée d'air est muni d'un clapet de retenue destiné à empêcher, en cas d'accident, le retour de la masse d'air du réservoir.

Lorsqu'on veut mettre l'appareil en marche, il n'y a d'air comprimé nulle part, et cependant il en faut pour alimenter la machine N, qui manœuvre les soupapes. Le réservoir R' étant plein d'air à la pression atmosphérique, on ouvre la vanne *r* ; l'eau de la colonne manométrique se précipite dans le réservoir et réduit le volume de l'air qui y est contenu, jusqu'à ce que cet air soit à la pression de six atmosphères; on s'en sert alors pour mettre en mouvement la machine N. Le compresseur entre en action, et l'eau qui avait presque rempli le réservoir à air est peu à peu refoulée dans le réservoir manométrique. Un tube de niveau *a b*, annexé au réservoir R', permet de suivre la marche du niveau de l'eau manométrique à l'intérieur. Dès que le réservoir est plein d'air, on arrête le jeu du compresseur, à moins que l'air comprimé ne soit dépensé au fur et à mesure de son arrivée. Le réservoir manométrique est alimenté directement, et la surface en est assez considérable pour que ces diverses fluctuations de la colonne manométrique n'en changent pas sensiblement le niveau.

On a vu dans la description théorique du compresseur qu'il reste constamment à la partie inférieure de l'appareil au-dessous du niveau horizontal N (*fig.* C), une couche d'eau; elle est destinée à servir de coussin pour amortir les mouvements tumultueux résultant de la chute de l'eau dans la branche D A. De cette façon, l'ascension de l'eau dans la branche C N s'accomplit avec méthode, et la soupape C est soulevée régulièrement. La petite quantité d'eau qui la franchit est recueillie dans un tube Q (*pl. III, fig.* 1), où elle s'accumule. Ce *purgeur* est vidé quand le niveau intérieur, dont on juge par l'indicateur, est suffisamment élevé.

Ce qui précède nous semble suffisant pour faire comprendre le jeu de ce genre d'appareils et comment ils ont atteint exactement le but désiré, qui était d'obtenir par des moyens rapides et simples un volume considérable d'air comprimé.

Si quelques-uns de nos lecteurs étaient désireux de se rendre compte mathématiquement de la puissance de ces compresseurs, nous avons fait de ce calcul l'objet d'une note insérée à la fin de la livraison; les conclusions pratiques que l'on en tire sont les suivantes :

Un seul appareil, muni d'un réservoir de 17 mètres cubes, et donnant trois coups de bélier par minute, fournit par jour un volume d'air comprimé de 880 mètres cubes, à la pression de 6 atmosphères.

La marche à trois coups est sûre mais lente. Elle pourrait être sans inconvénient portée à quatre coups, ce qui donnerait 1,174 mètres cubes par jour.

Comme ces appareils fonctionnent au nombre de dix pour l'attaque piémontaise, on pourra disposer chaque jour de 8,800 ou de 11,740 mètres cubes d'air comprimé, suivant que l'on marchera à trois ou quatre coups par minute.

COMPRESSEUR A POMPE (FIG. 4 A 6, PL. III).

Considérons le croquis (*fig.* D), représentant un rectangle formé de quatre tubes.

Dans le tube horizontal inférieur se meut un piston P. Aux deux extrémités des tubes verticaux, deux soupapes A, A' s'ouvrent de dehors en dedans; aux deux extrémités du tube horizontal supérieur, deux soupapes B, B' donnent accès des branches verticales dans la branche horizontale. Ceci posé, concevons que le piston P marche dans le sens indiqué sur la figure : la masse d'eau dans laquelle il est plongé se déplace avec lui et monte dans la branche B', tandis qu'elle descend dans la branche B. De ces

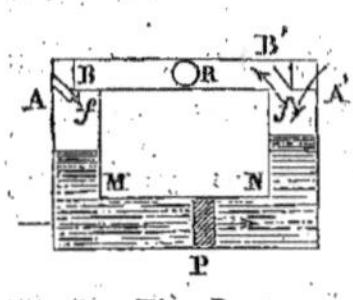
Fig. D.

deux faits simultanés il résulte que l'air est comprimé dans la branche B', tandis qu'il est raréfié dans la branche B ; par suite, les soupapes A et B' s'ouvrent : l'air extérieur entre dans la branche B suivant la flèche *f*, et l'air comprimé passe dans le canal horizontal B B' par la soupape B', suivant la flèche *f'*. Ces deux passages d'air prendront fin lorsque le piston aura terminé sa course à l'extrémité du tube inférieur; à ce moment, il recommencera sa marche en sens contraire pour regagner l'autre extrémité D, et durant ce parcours, l'air extérieur entrera par A', tandis que l'air comprimé pénétrera par la soupape B dans le tube B B' et gagnera le réservoir par le tuyau R.

Nous avons donc là un appareil à double effet, qui aspire d'un côté l'air extérieur et le refoule de l'autre ; ces deux opérations s'effectuent simultanément à chaque coup du piston qui est mû par une tige horizontale mise en mouvement par une bielle, actionnée elle-même par une roue hydraulique.

On verra dans la note, à la fin de la livraison, comment on peut évaluer par le calcul le travail développé dans ces appareils.

Les résultats sont ceux-ci : le volume d'air comprimé par chaque coup de piston est 0^m051 à la pression de six atmosphères, et comme le piston donne seize coups par minute, il en résulte que le volume d'air comprimé obtenu par jour est 1,175 mètres cubes, ce qui est, à un mètre cube près, la quantité d'air comprimé dans le même temps par un compresseur à choc marchant à quatre coups par minute.

Les ateliers furent d'abord organisés du côté de l'Italie à Bardonnèche. On y installa des compresseurs à choc; ils sont placés à 1,000 mètres environ de l'entrée du tunnel. Une dérivation de 3 kilomètres de long, couverte sur tout son parcours, amène l'eau du torrent de Mélezet (voir *pl. I, fig.* 1 *et* 2); elle fournit 1,500 litres par seconde. Cette eau passe, avant d'arriver aux réservoirs, dans des bassins d'épuration.

Il peut paraître étonnant que ces réservoirs soient situés à 45 mètres au-dessus des compresseurs, de sorte que pour arriver aux réservoirs supérieurs de ces machines, il y a une chute de 20 mètres qui s'effectue sans produire aucun travail utile. Cela tient aux conditions locales qui ont permis d'amener l'eau naturellement et facilement à cette hauteur de 45 mètres, et l'on a dû penser d'ailleurs que cette chute de 20 mètres, inutile au moment de l'installation, pourrait plus tard trouver son application.

Mais un fait, qui semble bien plus anormal au premier abord, s'est produit lors de l'installation des ateliers français à Fourneaux.

Là, les circonstances naturelles ne présentaient plus les mêmes facilités qu'à Bardonnèche; les torrents du Charmet et du Grand-Vallon ne fournissaient pas une quantité d'eau suffisante pour l'action des compresseurs. On songea alors à dériver 6 mètres cubes par seconde de la rivière l'Arc, qui roule une masse d'eau considérable sur une forte pente. On obtint facilement une chute de 5ᵐ 60 avec laquelle on fit marcher six roues hydrauliques, et l'on employa la force motrice ainsi développée à faire marcher des pompes qui élevaient l'eau dans les réservoirs supérieurs des compresseurs à choc. Nous le répétons, ce fait semble singulier quand on songe que les compresseurs à pompe sont manœuvrés directement par les roues hydrauliques et présentent d'ailleurs un agencement beaucoup plus simple que celui des compresseurs à choc.

Mais on n'avait pas, au moment de la formation des ateliers, le choix des appareils; M. Sommeiller n'avait pas encore imaginé le compresseur à pompe, et il était naturel d'appliquer à Fourneaux des appareils connus qui donnaient des résultats très-satisfaisants à Bardonnèche, sauf à les alimenter avec de l'eau qu'on élèverait au moyen de pompes. On devait prendre ce parti d'autant plus facilement que l'Arc fournissait une force motrice plus que suffisante. Du reste, M. Sommeiller poursuivait, sur ces entrefaites, l'étude du projet des compresseurs à pompe, et aussitôt qu'il fut fixé sur le mérite de ces appareils, il en fit installer six qu'on actionna au moyen de trois des roues hydrauliques installées à Fourneaux, et maintenant que les compresseurs à choc ont été démolis, on n'a plus, du côté de la Savoie, que les compresseurs à pompe au nombre de douze.

Les pompes qui servaient à élever l'eau pour le service des compresseurs à choc étaient à double effet et organisées de la manière la plus économique et la plus commode : alimentées par une seule conduite maîtresse, elles puisaient l'eau dans deux réservoirs placés aux deux côtés du bâtiment des compresseurs; dans ces mêmes réservoirs se faisait aussi la vidange des compresseurs, de sorte que, sauf le liquide perdu par l'évaporation, c'était la même eau qui, parcourant sans cesse le même circuit, servait à comprimer l'air indéfiniment.

CONDUITES POUR L'AIR COMPRIMÉ.

L'air est transmis jusqu'au fond de la galerie d'avancement au moyen d'une conduite formée de cylindres en fonte de 20 centimètres de diamètre, assemblés bout à bout. Les extrémités sont munies de brides; dans les faces verticales de celles-ci sont creusées des gorges demi-cylindriques où sont logés des cordons en caoutchouc de 1 centimètre de diamètre; une fois le cordon interposé, on serre fortement les brides au moyen des boulons, et le joint est fait.

Il est d'une étanchéité presque parfaite. On l'a expérimenté en laissant, pendant douze heures de suite, une conduite remplie d'air à la pression de six atmosphères; la perte ne s'éleva pas au delà de deux dixièmes d'atmosphère. Pendant l'écoulement de l'air, la perte de charge entre l'origine et l'extrémité de la conduite n'est que d'un dixième d'atmosphère. La durée de ce joint dépend de la qualité du caoutchouc employé; du reste, la simplicité de l'assemblage permet de le démonter et de le remplacer facilement et rapidement. Pour le cas où les réparations deviendraient nécessaires, on a établi deux conduites côte à côte, afin qu'il n'y ait pas à craindre d'interruption dans le service.

Pour franchir l'espace qui sépare les réservoirs à air comprimé de l'entrée du tunnel, la conduite repose sur des rouleaux en fonte portés sur des piliers en maçonnerie. Elle est fixée invariablement de distance en distance par des ancres d'arrêt noyées dans des massifs en maçonnerie construits entre deux piliers. Entre chacun de ces points fixes, on a placé un joint de dilatation muni d'un cuir embouti; de cette façon, la conduite n'a rien à redouter des variations de température auxquelles elle peut être soumise; sa position ingénieuse sur les rouleaux en fonte lui permet de se déplacer facilement entre deux points fixes, si le joint de dilatation vient à agir. A son entrée dans le tunnel, la conduite est fixée d'une manière invariable sur des consoles en fonte scellées dans la maçonnerie; elle est alors soumise à une température à peu près constante qui rend inutile l'emploi des joints de dilatation. L'air est amené de cette façon à peu de distance du front de taille; on arrête la conduite en fonte, et au moyen d'un coude, on vient en loger l'extrémité dans une niche pratiquée dans le mur de la galerie. A ce point s'adaptent les tubes mobiles en caoutchouc revêtu d'une chemise de forte toile, qui fournissent l'air comprimé aux machines perforatrices et le déversent dans la galerie pour l'aérage et les chasses à pratiquer après les explosions. Il est évident que cet air est très-frais, puisque, se détendant de cinq atmosphères, il emprunte une grande quantité de chaleur aux corps environnants.

Sur chacun des bouts de tuyau qui composent la conduite, on a fait venir de fonte un bouton de métal assez volumineux pouvant être percé et taraudé, afin que l'on puisse établir au besoin une prise d'air en un point quelconque de la conduite.

LÉGENDE CORRESPONDANTE A LA PLANCHE III.

Fig. 1. — Vue en élévation du compresseur à choc.

Fig. 2. — Coupe verticale de la soupape A.

Fig. 3. — Coupe verticale de la soupape B.

A. Soupape *d'admission* placée dans un renflement du tube de chute.

Elle est formée d'un cylindre en laiton *a b* glissant dans une enveloppe cylindrique où sont percées des fenêtres F que le cylindre *a b* doit masquer et démasquer alternativement; ce cylindre est attaché à la tige *m* qui le manœuvre par le moyen de traverses telles que *b*. Pour faire suite aux fenêtres, l'enveloppe cylindrique dans laquelle elles sont percées est entourée d'un espace annulaire destiné à recevoir l'eau en mouvement, qui se raccorde graduellement à la section courante du tube par une surface conique C'.

Il est nécessaire que la chute de cette soupape soit très-brusque, de manière à ouvrir rapidement les lumières; or, bien que le poids en soit considérable, on a placé à l'extrémité supérieure de la tige *m* un cylindre P (*fig.* 1), dans lequel l'air comprimé vient agir pour chasser la soupape avec plus de force. Il résulte de cette disposition que les coups frappés sur le siége par la soupape sont très-violents; ce siége est fortement relié à la paroi du tube et muni de surfaces en caoutchouc pour amortir les chocs.

Le jeu de cette soupape n'a rien de délicat; elle manœuvre fort bien, même dans des eaux troubles ou bourbeuses. Mais il ne faudrait pas que les eaux continssent en suspension des corps résistants tels que des racines ou de menues branches qui obstrueraient les fenêtres; la soupape ne manœuvrerait plus régulièrement ni rapidement, et l'eau gênée dans sa chute n'acquerrait plus la vitesse nécessaire pour donner à l'air la force élastique convenable pour lui faire franchir la soupape C et pénétrer dans le réservoir R'. Cet air refoule alors l'eau dans la branche de chute; il peut en résulter de graves désordres et même le bris de l'appareil. Il est utile de remarquer que, par suite des dispositions spéciales que nous venons d'indiquer, la soupape et le siége sont constamment baignés par l'eau; cette disposition a pour résultat de rendre plus facile la manœuvre de la soupape, qui n'a pas à supporter pour se relever le poids d'une colonne d'eau de 26 mètres; elle se meut simplement dans un milieu à la pression de deux atmosphères et demie qui s'exerce sur toutes ses faces.

B. Soupape de *vidange*, construite de la même façon que la précédente. On y voit le cylindre de laiton *c d* et les fenêtres F qui permettent à l'eau de s'écouler au dehors suivant les flèches.

C. Soupape de *refoulement* de l'air. C'est un disque plein en cuivre reposant sur un siége parfaitement alésé; le guidage s'opère par le moyen d'un fourreau cylindrique garni de fenêtres. Cette soupape est placée de telle sorte qu'elle est atteinte par l'extrémité supérieure de la colonne d'eau qui chasse devant elle l'air comprimé. De cette façon, il passe un peu d'eau par le tube T, mais on est sûr que tout l'air comprimé pénètre dans le réservoir.

O. Clapets *d'entrée* de l'air au nombre de quatre, disposés autour du tuyau du compresseur immédiatement au-dessous de la soupape C.

T. Tube d'arrivée de l'air au réservoir.

t. Tube de départ de l'air.

Q. *Purgeur.*

R'. Réservoir à air comprimé.

M. Embranchement de la colonne manométrique.

r. Robinet-vanne.

a, b. Tube de niveau en verre.

N. Machine à air comprimé verticale, destinée à la manœuvre des soupapes A et B.

p. Poulie transmettant par l'intermédiaire d'une courroie le mouvement de la machine à la poulie P' calée sur l'axe de la came S.

r'. Engrenage transmettant le mouvement à l'arbre de la came S'.

S. Came manœuvrant la soupape A.

S'. Came manœuvrant la soupape B.

m. Tige de la soupape A.

n. Tige de la soupape B.

P. Cylindre à air comprimé précipitant la chute de la soupape A.

l, l. Boîtes à étoupes.

Fig. 4. — Plan de l'ensemble de deux compresseurs à pompe mus par la même roue hydraulique et du purgeur qui leur est commun.

Fig. 5. — Élévation et coupe parallèles à la ligne $\gamma \delta$.

Fig. 6. — Élévation et coupe parallèles à la ligne $\alpha \beta$.

A. Soupape *d'admission* de l'air atmosphérique. Elle est formée d'un disque plein reposant sur un siége bien alésé. Elle est guidée par une tige A *a* et sollicitée par un poids *p* qui tend à la maintenir constamment fermée. La soupape et le siége sont noyés dans une caisse C constamment pleine d'eau. La partie supérieure de la soupape est en même temps constamment couverte d'une couche d'eau de 2 centimètres qui filtre par une toile métallique placée en T ; elle est amenée dans l'espace E par le tuyau *m n*.

B. Soupape de *refoulement*. Elle est construite comme la soupape A. Sa course est limitée par une tige fixée au milieu de l'espace E. L'appareil est agencé de telle sorte que la colonne d'eau refoulée dépasse légèrement la soupape B, afin d'être bien sûr que la totalité de l'air comprimé passe dans le réservoir. C'est pour remplacer à chaque coup de piston l'eau qui sort de l'appareil que l'on couvre la soupape A de la petite couche d'eau de 2 centimètres qui se renouvelle constamment.

N. *Purgeur*. Pour remédier à cet inconvénient de l'eau entraînée avec l'air comprimé, on a dû faire usage d'un engin spécial commun à deux appareils.

R. Conduit d'arrivée de l'air comprimé dans le purgeur.

X. Flotteur en cuivre qui monte avec le niveau de l'eau, de manière à ouvrir une soupape placée à la partie inférieure, permettant à l'eau de s'écouler au dehors.

O. Tuyau menant l'air comprimé aux réservoirs.

H. Réservoir indépendant placé à la partie supérieure du purgeur et alimentant la soupape A de la couche d'eau de 2 centimètres, au moyen du conduit *m n*.

D. Arrivée de l'eau dans le réservoir H.

P. Trop plein.

P'. Piston.

M O. Bielle actionnée par la roue hydraulique, et communiquant le mouvement à la tige du piston.

S. Arbre de la roue hydraulique.

FIG. 7. — Coupe transversale du tunnel et de l'aqueduc de $1^m 20$ sur 1 mètre devant servir à l'écoulement des eaux.

A B C. Profil du muraillement du tunnel. Dans les terrains moins résistants, les pieds-droits sont réunis par un radier concave de $7^m 70$ de rayon.

D. Aqueduc.

a b c. Profil de la galerie d'avancement.

PREMIÈRE NOTE RELATIVE AU CALCUL DU TRAVAIL DÉVELOPPÉ DANS LES COMPRESSEURS.

Compresseur à choc. — Appelons :

P le poids de l'eau mise en mouvement par chaque coup de piston

v sa vitesse ;

h la pression atmosphérique ;

H la pression de l'air comprimé après le coup de bélier ;

V le volume d'air comprimé par chaque coup de bélier.

Après chaque coup de piston, il se produit un équilibre entre le travail développé :
1° par la chute de l'eau ; 2° par la force élastique de l'air comprimé.

Le travail développé par la chute de l'eau est égal au poids P multiplié par la hauteur de la chute Z :

mais
$$Z = \frac{v^2}{2g}$$

soit donc
$$P\,\frac{v^2}{2g}$$

Quant au travail résistant de l'air comprimé, il est égal à

$$h.\ \text{V. L}\left(\frac{H}{h}\right).$$

Égalons ces deux quantités :

$$P\,\frac{v^2}{2g} = h.\ \text{V. L}\left(\frac{H}{h}\right)$$

C'est de cette équation que MM. Grandis, Grattoni et Sommeiller ont déduit les dimensions de leurs appareils.

Le diamètre des tubes étant 0^{m}62, et la hauteur de la colonne d'air comprimé par chaque coup de bélier 4^{m}05, le volume de cet air est à la pression atmosphérique h

$$\overline{0,31}^2 \times 3,1416 \times 4,05 = 1 \text{ m. c. } 223$$

Et comme, d'après les expériences manométriques, la pression de cet air immédiatement après le coup de bélier atteint 7 atmosphères

$$H = 7$$

le travail résistant de l'air comprimé sera

$$h.\ \text{V. L}\left(\frac{H}{h}\right) = 10,330 \times 1,223 \times \text{L (7)}$$

soit $\qquad$ 24,582 kilogrammètres.

Or, le *travail théorique* développé par la chute d'eau, dont le volume est 1 m. c. 223 et la hauteur 26^m, est :

$$1,223 \times 26 = 31,798 \text{ kilogrammètres.}$$

Si nous prenons le rapport de ces deux résultats numériques, nous avons :

$$\frac{24,582}{31,798} = 0,77$$

d'où il suit que le *rendement théorique* de cet appareil est égal à 0,77.

Il est probable que l'on n'a pas fait d'expériences sur le *rendement réel et pratique* de ces appareils, mais il semble que tant que les soupapes seront en bon état, il ne peut y avoir d'autre perte que celle, peu considérable d'ailleurs, qui résulte de l'eau entraînée dans les réservoirs d'air. Ces derniers ont chacun 17 mètres cubes de capacité, ce qui donne 102 mètres cubes d'air à la pression atmosphérique.

Chaque coup de bélier fournissant 1 m. c. 223, le nombre des coups de bélier nécessaires pour emplir un réservoir sera représenté par le chiffre

$$83,41$$

et en donnant trois coups de bélier par minute, le nombre de minutes nécessaire pour emplir un réservoir sera :

$$27,80;$$

dès lors, en un jour de 24 heures ou 1,440 minutes, on aura obtenu un volume d'air comprimé égal à

$$\frac{1,440}{27,8} \times 17 = 880$$

Ainsi donc, un *compresseur à choc* fournit par jour 880 mètres cubes d'air comprimé à la pression de 6 atmosphères; si l'on marchait à la vitesse de 4 coups par minute, on arriverait au chiffre de 1,174 mètres cubes.

Compresseur à pompe. — Les roues hydrauliques qui actionnent les compresseurs à pompe sont des *roues en dessus.*

Le *rendement* de ces roues est 0,75.

Ceci posé, soit :

P le poids d'eau débité par seconde;

z la hauteur de chute;

h la pression atmosphérique;

H la pression à laquelle l'air est comprimé par le mouvement du piston;

V le volume d'air comprimé par coup de piston.

Le travail résistant développé contre le piston, à chaque coup, par suite de la force élastique de l'air comprimé, est donné par la formule :

$$h.\ V.\ L\left(\frac{H}{h}\right)$$

Et comme il y a huit oscillations du piston par minute, c'est-à-dire 16 coups de piston, le travail résistant développé par l'air comprimé en une minute sera

$$16.\ h.\ V.\ L\left(\frac{H}{h}\right)$$

Ce travail résistant fait équilibre à celui développé sur le piston par la roue hydraulique; or, ce travail est :

Par seconde $\qquad\qquad 0,75 \times P \times z$

Et par minute $\qquad$ $60 \times 0,75 \times P. z.$

Donc :

$$60 \times 0,75 \times Pz = 16 \times h. V. L \left(\frac{H}{h}\right)$$

Cette équation entre les différentes données de la question a permis de calculer les dimensions les plus convenables à donner à l'appareil; soit :

> $0^m 57$ de diamètre au corps de pompe,
> $1^m 20$ de course au piston.

Par suite :

$$V = 3,1416 \times \overline{0,285}^2 = 1,20 = 0 \text{ m. c. } 306$$

D'ailleurs, $H = 7$.

Donc nous arrivons, pour l'évaluation du travail résistant développé sur le piston par l'air comprimé, à l'expression

$$16 \times 10,330 \times 0,306 \times L (7) :$$

Soit $\qquad$ 196,832 kilogrammètres.

Quant au travail développé par la roue hydraulique, il est égal à

$$0,75 \times 60 \times 1,000 \times 5,60$$

Soit $\qquad$ 252,000 kilogrammètres.

Le rapport de ces deux résultats numériques étant

$$\frac{196,832}{252,000} = 0,78$$

Cela veut dire que le *rendement* de cet appareil est égal à 0,78, comparé au moteur hydraulique, et à 0,59, comparé directement à la chute.

Le volume de l'air comprimé par chaque coup de piston est

> 0 m. c. 306 à la pression atmosphérique.

Ce qui fait, à la pression de 6 atmosphères,

> 0 m. c. 051;

Comme il y a 16 coups de piston par minute, le volume d'air comprimé en une minute sera

> 0 m. c. 816;

Et en un jour de 24 heures ou 1,440 minutes, ce sera

> 1,175 mètres cubes.

DEUXIÈME NOTE RELATIVE AU PERFORATEUR HAUPT, A L'EXPOSITION UNIVERSELLE
DE 1867.

Au palais du Champ de Mars figurent :

1° Le perforateur Beaumont;

2° Le perforateur Leschot, modifié par Laroche-Tolay et Perret;

3° L'appareil de M. Haupt, ingénieur civil à Philadelphie. — Ce dernier est à trois mouvements : le va-et-vient suivant l'axe, la rotation et l'avancement.

Nous citons ici, d'après le remarquable article de M. Solié dans les *Études sur l'Exposition de* 1867 *de H. Eug. Lacroix,* le prix d'installation du matériel nécessaire pour le percement d'un tunnel de 4^m50 de large sur 1^m80 de haut, dans lequel 9 perforateurs à vapeur Haupt montés sur 3 supports seraient affectés à l'avancement :

27 perforateurs à 2,500 francs l'un.	67,500 fr.
3 supports à 1,000 francs.	3,000
1 levier et son chariot.	2,000
1 chaudière de 30 chevaux.	2,500
Chariot et tender.	5,000
Chariots pour enlever les débris de roches.	2,500
Machine et ventilateur.	12,500
Atelier de réparation, etc.	25,000
Forge et outils.	2,500
Bâtiments.	25,000
Conduite et ventilation.	2,500
Tuyauterie.	2,500
	157,500 fr.

LE PONT-VIADUC DU POINT-DU-JOUR

ET

LES ANCIENS PONTS DE PARIS

Par M. LOCKERT, Ingénieur civil,

Ancien élève de l'École centrale.

PONT-VIADUC DU POINT-DU-JOUR

(ÉTUDE GÉNÉRALE SUR LES FONDATIONS.)

Par M. LOCKERT, ingénieur civil.

Considérations préliminaires : Projet de la ville et projet de l'État. — Énoncé définitif du projet dans le cahier des charges. — Procédés employés pour les fondations de ponts. — Classification des terrains. — Fondation par épuisement ; par batardeau ; par caisses étanches ou non étanches. — Fondation sur pilotis ; divers procédés. — Fondation par encaissement. — Sur radier général. — Fondations tubulaires ; divers procédés.

CONSIDÉRATIONS PRÉLIMINAIRES.

L'ouvrage d'art dont il s'agit ici, déjà remarquable au premier coup d'œil par son aspect extérieur, qui rappelle les viaducs à *arches superposées* dont les Romains ont laissé plusieurs exemples dans les Gaules, devient plus intéressant encore si l'on entre dans l'énumération des circonstances spéciales qui ont présidé à son exécution.

Par la loi d'annexion de l'année 1860, qui reculait jusqu'aux fortifications les limites de Paris, la ville se vit obligée à de nombreux sacrifices en vue d'améliorer la situation des nouveaux quartiers confiés à son administration. L'un des premiers fut la construction d'un pont destiné à remplacer le bac qui réunissait les deux rives de la Seine auprès des fortifications.

Depuis longtemps déjà ce moyen de passage était insuffisant, et il importait de faire cesser un état de choses qui n'était plus en rapport avec le besoins de la population, et qui entravait le libre cours des relations entre les nombreux habitants des villages d'Auteuil et de Vaugirard, devenus deux quartiers assez importants du nouveau Paris.

Ce pont devait être établi dans la direction de la rue militaire, et aurait eu pour principal dégagement, sur la rive droite du fleuve, un boulevard diagonal aboutissant à la porte d'Auteuil qui forme l'une des entrées du bois de Boulogne.

Sur ces entrefaites parut le décret de 1861, relatif à l'achèvement du chemin de fer de ceinture, dans l'intérêt des populations de la rive gauche.

Cette voie ferrée avait été déclarée d'utilité publique en 1851 et exécutée d'urgence sur les fonds de l'État, depuis la Rapée jusqu'aux Batignolles. Elle réunissait les gares de marchandises des grandes compagnies de la rive droite et était exploitée par ces mêmes compagnies réunies en syndicat; son but était d'assurer, en dedans des fortifications, des communications rapides entre les différents quartiers de Paris, et de faciliter les mouvements de troupes ou de matériel qui devaient passer d'une ligne sur l'autre.

Plus tard, la concession de la ligne de Paris à Auteuil vint former un nouvel élément du chemin de ceinture; la lacune à combler pour terminer le cercle autour de Paris était seulement de 11 kilomètres. La voie devait partir de la station d'Auteuil dans le prolongement exact de la portion déjà construite, dont les rails seraient élevés de 70 centimètres pour franchir la route départementale de Boulogne au moyen d'un pont en fer situé à 5 mètres au-dessus de la chaussée. A la suite, une courbe de 350 mètres de rayon, arrivant perpendiculairement au cours de la Seine environ à 100 mètres en amont des fortifications, devait se continuer sur la rive gauche par de grands alignements droits et réguliers, tracés à peu près parallèlement à la rue militaire à 100 ou 150 mètres en moyenne au nord de cette voie publique dont on aurait rectifié les inflexions.

Bien que ce tracé eût été conçu par les ingénieurs du gouvernement, de façon à cadrer autant que possible avec les vues de la ville de Paris sur les quartiers nouvellement annexés, son exécution faite conjointement avec celle du projet que nous avons développé en premier lieu n'aurait pas donné un résultat d'ensemble parfaitement satisfaisant.

Il y avait, en effet, des inconvénients sérieux au point de vue de la navigation à la construction de deux ponts, l'un droit et l'autre biais, coupant le cours du fleuve à moins de 100 mètres de distance et à des niveaux différents. De plus, la direction diagonale du boulevard aboutissant au bois de Boulogne coupait le tracé du chemin de fer à deux reprises successives et sous des angles tellement aigus, qu'il eût été presque impossible d'établir pour cette voie des passages convenables.

L'idée simple qui servit de trait d'union entre les deux projets fut de construire un seul pont, nécessaire à la fois au passage du chemin de fer et à celui de la rue Militaire convenablement déviée et rectifiée, comme cela avait été pratiqué à l'autre extrémité de Paris, lors de la construction du pont Napoléon.

La question cependant était moins facile à résoudre que pour ce dernier ouvrage, sur lequel la route et la voie ferrée se trouvent placées côte à côte et au même niveau, ce qui était absolument impossible au Point-du-Jour. Nous avons fait remarquer, en effet, que la route de Boulogne était franchie par le chemin de fer sur un pont métallique à la hauteur de 5 mètres au-dessus de la chaussée. La route de Versailles devait aussi être traversée au moyen d'un pont, attendu que sa grande fréquentation, jointe au chemin de fer américain qui la parcourt, excluait toute possibilité de l'établissement d'un passage à niveau; il en était de même du quai d'Auteuil.

Ces dispositions mettaient les ingénieurs dans l'obligation de passer aussi au-dessus des rues Boileau et de la Municipalité (*pl. IV, fig.* 3), de sorte qu'ils furent naturellement conduits à résoudre cette série de difficultés par la construction d'un viaduc général partant de la station d'Auteuil et maintenant jusqu'à l'entrée du pont le niveau des rails, bien au-dessus de celui de la rue Militaire et des autres rues avoisinantes.

Ce viaduc, passant au-dessus du quai d'Auteuil par une arche de 20 mètres d'ouverture, n'avait plus qu'à courir tout le long du pont-route dont il occuperait l'axe longitudinal, pour se raccorder sur la rive droite avec un viaduc semblable à celui de la rive gauche au moyen d'une autre arche de 20 mètres franchissant le quai de Javel.

Ces dispositions, qui étaient en quelque sorte imposées par les circonstances, étant d'ailleurs bien déterminées et définitivement résolues, on eut l'idée, pour alléger le viaduc, de percer dans les pieds-droits deux arcades contiguës de $2^m 50$ chaque, ce qui eut pour résultat de permettre la circulation à couvert dans le sens de la longueur.

On traça de chaque côté de ce dernier deux avenues plantées d'arbres, de sorte que l'ensemble des avenues latérales et du viaduc formât une seule voie de 42 mètres de largeur, munie en son milieu d'un promenoir couvert non interrompu.

Cette disposition ingénieuse se continua sur le pont et sur la rive gauche du fleuve.

Notre but n'est pas d'étudier tout l'ensemble formé par les viaducs des deux rives reliés par le pont jeté sur la Seine; c'est ce dernier seul qui nous occupe.

L'énoncé général du projet définitif ressort directement des considérations que nous venons d'exposer, et le voici tel qu'il est formulé dans le cahier des charges des ponts et chaussées, donné à l'entrepreneur :

L'emplacement du pont sera déterminé sur l'alignement général du chemin de fer de ceinture, par les alignements des quais de la Seine qui seront fixés par le service de la navigation.

Cet ouvrage d'art consistera :

1° En un *pont* de cinq arches elliptiques de 30 mètres d'ouverture et 31 mètres de largeur entre les têtes : il se raccordera avec la rue Militaire élargie et rectifiée ;

2° En un *viaduc* de 31 arches en plein cintre, de 4^m80 d'ouverture et de 9 mètres de largeur entre les têtes ;

3° En *deux arches* de 20 mètres d'ouverture en arc de cercle et de 9^m50 de largeur entre les têtes.

Les principales cotes de hauteurs sont données dans le tableau suivant :

DÉSIGNATION DES NIVEAUX	HAUTEURS VERTICALES	
	Au-dessus du niveau de la mer	Au-dessus de l'étiage
Étiage.	24^m 50	0^m »
Grandes voûtes { Naissances.	25 »	0 50
Grandes voûtes { Intrados à la clef.	34 »	9 50
Chaussées du pont.	35 60	11 10
Trottoir central.	35 75	11 25
Petites voûtes { Naissances.	41 45	14 95
Petites voûtes { Intrados à la clef.	43 85	19 35
Rail.	45 »	20 50

Nous donnerons dans notre prochaine livraison quelques détails sur la façon dont on est arrivé à la réalisation de ce projet dont l'exécution fait honneur à MM. Bassompierre, ingénieur en chef, et De Villiers, ingénieur ordinaire des ponts et chaussées, qui ont dirigé la construction. Il importait, en effet, en même temps que l'on donnait satisfaction aux légitimes exigences de la Ville et de l'État, de ne pas altérer la remarquable perspec-

tive présentée à cette extrémité de Paris par la vallée de la Seine; en cela
consistait l'un des inconvénients communs aux deux projets présentés d'abord,
concluant à la construction de deux ponts différents. Le pont-viaduc du Point-
du-Jour, au contraire, ajoute un agrément de plus aux beautés naturelles de
ce brillant panorama. Il joint à une solidité éprouvée un aspect à la fois
élégant et majestueux qui prouve une fois de plus à quels résultats satisfaisants l'on peut arriver pour l'exécution d'une œuvre d'art, lorsque les dispositions d'ensemble, la décoration et le style général de l'ouvrage sont les
conséquences des conditions imposées à l'ingénieur et un résultat des difficultés qu'il a rencontrées dans son projet.

ÉTUDE GÉNÉRALE DES PROCÉDÉS EMPLOYÉS POUR LES FONDATIONS DE PONTS.

Nous avons cru utile de placer ici une étude succincte des procédés
employés pour asseoir les fondations des ouvrages construits en rivière ;
car, outre l'intérêt général que présente la question, cette étude ser-
vira encore à éclaircir la description que nous donnons dans la livraison
actuelle de quelques-uns des Ponts de Paris. Il nous a semblé, en
effet, qu'une notice rappelant rapidement les circonstances et les dispositions spéciales qui ont présidé à l'exécution de ces travaux remarquables,
dont le plus grand nombre et les plus importants ont été effectués dans ces
dernières années et pour ainsi dire sous nos yeux, ne pouvait manquer d'in-
téresser le public, et c'est pour en rendre la lecture plus facilement intelli-
gible que nous la faisons précéder de l'étude suivante :

« Le choix du système à employer, pour asseoir solidement un édifice sur
le sol, est chose fort importante et souvent très-difficile; c'est là que les
fautes sont le plus à redouter, car c'est là qu'elles ont ordinairement les
conséquences les plus fâcheuses et qu'elles sont le moins réparables (1). »

Sur quoi se baser pour rendre ces erreurs à peu près impossibles ? Sur la
connaissance parfaite du terrain sur lequel doit reposer la fondation; il faudra

(1) Léon Reynaud, *Traité d'Architecture.*

tenir compte aussi des constructions déjà existantes dans la localité, des circonstances qui ont pu amener la destruction d'un ouvrage précédemment existant, du régime du cours d'eau, etc...

Les différents terrains qui peuvent se présenter aux investigations de l'ingénieur ont été divisés en trois classes différentes, suivant leur consistance et leur composition :

1° Les terrains *incompressibles et inaffouillables*, qui sont : la roche, le tuf, les marnes, les terrains pierreux en général, les enrochements naturels, etc...;

2° Les terrains *incompressibles, mais affouillables*, qui sont : les sables, les graviers, les cailloux, l'argile compacte, et en général la plupart des terrains graveleux et sablonneux ;

3° Les terrains *compressibles et affouillables*, qui sont : la tourbe, la vase, les argiles coulantes, la terre végétale, les terres rapportées, etc...

L'art de l'ingénieur a dû imaginer des procédés pour fonder solidement sous l'eau, quelles que soient d'ailleurs les circonstances fâcheuses où il se trouve placé et les obstacles que lui suscite la nature défavorable du terrain. En thèse générale, ces procédés reviennent toujours à faire porter la fondation sur un bon terrain, c'est-à-dire sur un terrain incompressible peu ou point affouillable. Ces procédés, fort nombreux du reste, peuvent se ramener à cinq méthodes principales, désignées par les titres suivants :

. 1° *Fondation par épuisement ;*
2° *Fondation sur pilotis ;*
. 3° *Fondation par encaissement ;*
4° *Fondation sur radier général ;*
5° *Fondations tubulaires, à air comprimé.*

FONDATION PAR ÉPUISEMENT.

. Ce procédé consiste à entourer l'emplacement de la fondation par une cloison parfaitement impénétrable à l'eau, de façon à pouvoir épuiser celle-ci dans l'intérieur de l'enceinte ainsi formée. Les machines au moyen desquelles s'opérera l'épuisement seront des seaux, des pelles hollandaises, vis d'Archimède, norias, roues à tympans, pompes de divers systèmes. L'enceinte étanche a reçu le nom de *batardeau;* les batardeaux sont de construction diverse, suivant la nature des eaux à épuiser, et les ressources dont on dispose; mais dans tous les cas, leur emploi cesse d'être avantageux, si la profondeur des eaux à épuiser dépasse deux mètres.

Lorsque les eaux sont tranquilles et peu profondes, on emploiera avec avantage des toiles goudronnées ou de simples banquettes de terre avec talus extérieur et intérieur.

Pour des hauteurs plus grandes on devra avoir recours à de l'argile fortement pilonnée, et lorsqu'il s'agit de rivières dont le courant menace d'entraîner et de détruire ces ouvrages, il deviendra nécessaire d'établir le pilonnage entre deux rangées de *palplanches* jointives, serrées entre deux pièces horizontales nommées *moises*, soutenues de distance en distance par de forts pieux solidement assujettis dans le lit du cours d'eau. On a aussi, dans quelques travaux très-importants, construit des batardeaux en béton qui ont donné un résultat fort satisfaisant.

Ce mode de fondation est préférable à tout autre, toutes les fois que le batardeau peut être établi dans des conditions suffisamment économiques; il permet, en effet, d'exécuter les travaux à sec et laisse voir parfaitement la nature du terrain.

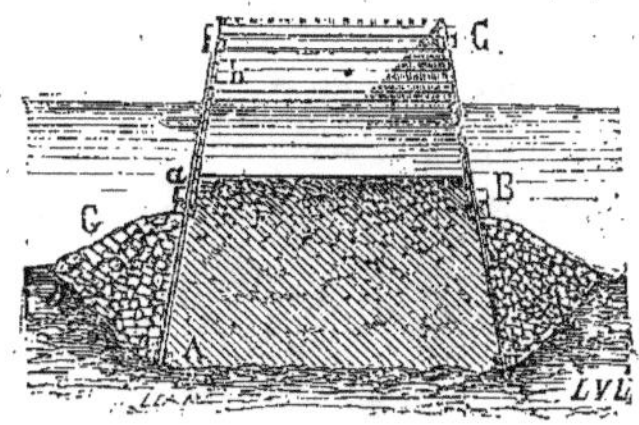

Fig. A.

Mais lorsque la profondeur de l'eau à épuiser rend impossible l'établissement d'un batardeau, on a recours aux *caisses sans fond, en partie étanche.* Ces caisses ont été employées pour la première fois en 1845, par M. Morandière, dans la construction d'un pont sur le Cher. L'invention en est due à M. Beaudemoulin, ingénieur en chef des ponts et chaussées, auquel on doit également l'emploi du sable pour opérer le décintrement des arches.

On commence par draguer, jusqu'au solide, l'emplacement de la pile à fonder, et on dresse autant que possible le fond horizontalement; puis on amène au-dessus de cet emplacement l'ossature de la caisse. C'est un tronc de pyramide formé par des montants inclinés de dedans en dehors et distants de 2 mètres, réunis à la partie inférieure et au milieu par des moises horizontales A, B (fig. A); on l'immerge d'abord jusqu'aux moises du milieu, puis on établit d'autres moises à la partie supérieure en c et entre celles-ci et celles du milieu, l'on assujettit un bordage en planches *ab*, fixées sur les montants avec des clous à bateau, et calfatées avec soin pour faire bâtardeau. On descend alors le caisson jusqu'à ce que les montants reposent sur le fond de la fouille, puis on fait glisser entre les moises des palplanches d'environ 5 centimètres d'épaisseur et également espacées, de manière à former une paroi à claire-voie. On bat légèrement ces palplanches pour les assujettir solidement, puis on échoue autour de la caisse des blocs de pierre destinés à la maintenir dans une position fixe et invariable. On a ainsi une enveloppe dont la partie supérieure est parfaitement étanche, tandis que la partie inférieure laisse entrer l'eau qui prend le même niveau dans la caisse que dans la rivière; la caisse dépasse ce niveau d'environ 1^m 20. On coule alors du béton de façon à remplir complétement la partie non étanche, on épuise dans la partie supérieure, et on peut commencer à sec les maçonneries.

L'opération du coulage doit être faite avec les plus grandes précautions, au moyen d'une caisse demi-circulaire qui s'ouvre tout près du fond ; le béton doit être arrangé par couches minces, pilonnées sans choc au moyen d'une dame plate, et disposées suivant un talus assez raide; cela est nécessaire parce qu'il s'échappe du béton, lors du pilonnage, un liquide blanchâtre qui a reçu le nom de *laitances*, et qui doit s'écouler hors de la caisse par les claire-voies. Le plan incliné est destiné à faciliter cet écoulement, que les ouvriers aideront au besoin au moyen d'un balai.

Ce procédé a été employé fréquemment dans ces dernières années, et en particulier à Paris, pour *le pont Saint-Michel, le pont Solférino, le pont au Change, le pont Louis-Philippe, le pont de Bercy et le pont-viaduc du Point-du-Jour*.

Lorsqu'il y a peu de gravier au-dessus du bon terrain sur lequel on veut asseoir la fondation, la caisse sans fond réussit parfaitement, parce que les laitances sont facilement entraînées par l'eau d'aval à travers les interstices de la partie non étanche; mais, lorsque la couche de gravier devient un peu considérable, il est utile d'établir à l'aval un puisard d'où l'on extraira les vases à la drague afin de les empêcher de revenir dans l'enceinte. Il sera même nécessaire, dans les cas où la vase ou le sable recouvriront le terrain incompressible sur une grande hauteur, d'employer une *caisse sans fond complétement étanche;* on empêche ainsi les vases extérieures à la caisse d'envahir la partie draguée et, alors, au lieu de couler du béton presque au niveau de l'eau, on n'en établit qu'une faible couche sur laquelle on fait reposer une fondation en maçonnerie que l'on peut construire facilement à sec après épuisement. Ces caisses complétement étanches peuvent être en bois comme la précédente; cependant, lorsqu'on est obligé d'aller chercher le terrain résistant à une grande profondeur au-dessous du niveau de l'eau et du lit de la rivière, les ouvrages en bois deviennent trop longs à établir et ne sont plus suffisamment étanches. C'est dans des circontances semblables que M. Pluyette se servit d'une caisse en tôle pour fonder, à 8 mètres de profondeur au-dessous de l'étiage, la pile en rivière du viaduc de Nogent-sur-Marne. Cette caisse fut mise en place aussitôt après le draguage de l'emplacement de la pile, jusqu'à une couche de gravier compacte dans lequel on l'enfonça légèrement; elle revint à 90,000 francs, y compris la mise en place.

Ce mode de fondation ne s'est pas généralisé; il a d'ailleurs l'inconvénient de ne pas donner d'écoulement aux laitances qui se produisent lors du coulage du béton; elles forment, par suite, des poches dans l'intérieur du massif, et doivent certainement en altérer la solidité au moment où, après un temps plus ou moins long, l'enveloppe de tôle est détruite par l'oxydation. De plus, le prix de revient fort élevé des travaux ainsi exécutés devra faire préférer à ce procédé les fondations tubulaires, lorsqu'il s'agira de grandes profondeurs, et la *caisse en partie étanche*, pour de petites profondeurs, ou bien encore la *caisse non étanche*, si l'on veut élever le massif de béton jusqu'au niveau de l'eau ou à peu près.

Quel que soit d'ailleurs le système de caisses employé, il est utile de les soutenir à l'extérieur, par des enrochements tels que G (*fig. A*), qui devront être effectués en même temps que le coulage du béton, pour empêcher la caisse de céder sous l'effort des pressions exercées à l'intérieur. L'échouage peut se faire de diverses façons : si l'on construit autour de la fondation un échafaudage fixe, il sera facile de descendre la caisse en la soutenant au moyen de crics. On pourra encore la maintenir par un certain nombre de barriques également espacées, puis la descendre progressivement et verticalement en coupant successivement les cordes qui la retiennent.

Enfin, on pourra suspendre puis descendre la caisse au moyen de chèvres placées sur des bateaux; c'est ce dernier procédé qui a été appliqué pour la construction du pont Saint-Michel.

Ces divers modes de fondations par *épuisement* devront s'employer lorsque les constructions pourront reposer directement sur un terrain incompressible

et inaffouillable, qui ne devra pas être, par conséquent, à une très-grande
profondeur, de façon que la partie inférieure du batardeau ou de la caisse
sans fond s'y engage plus ou moins, mais assez pour assurer la stabilité de
l'ouvrage et permettre le draguage à la superficie de ce bon terrain.

FONDATIONS SUR PILOTIS.

Lorsque le bon terrain est situé trop profondément, on peut se proposer
de l'atteindre au moyen de pieux traversant le terrain supérieur, de sorte que
leur extrémité vienne atteindre le terrain incompressible; la construction est
alors supportée sur ces pieux comme sur des colonnes qui reposeraient sur
le terrain solide. Si l'on ne peut pas atteindre le terrain incompressible, on se
contentera d'enfoncer les pieux dans le terrain compressible *jusqu'au refus*,
c'est-à-dire jusqu'au point où, ne pouvant pas les faire entrer plus avant,
il est permis de supposer qu'ils ne s'enfonceront pas davantage sous le poids
de la construction qui doit reposer sur leurs têtes. Dans tous les cas, on
calculera le nombre de pieux à employer pour fonder un ouvrage par le poids
de ce dernier, en en faisant porter une certaine partie sur chaque pieu, de
façon à ce que cette fraction du poids total n'excède pas sa résistance propre.
Il résulte d'expériences, que la charge que l'on peut confier sans crainte à
une pièce de bois placée verticalement est d'environ 50 kilogrammes pour
une section d'un centimètre carré lorsqu'elle est soutenue latéralement comme
le sont les pilotis par le terrain environnant, ou par un enrochement.

Un pieu isolé ne devra pas supporter plus de 30 kilogrammes par centimètre carré de section. Ce calcul terminé, on établit autour de l'emplacement
de la fondation un échafaudage assez élevé pour qu'il ne risque pas d'être
atteint par le niveau probable des petites crues qui pourraient subvenir pendant la durée des travaux, et l'on commence le battage des pieux. Ce battage
s'effectue par la chute d'un corps lourd nommé *mouton*, mis en mouvement
par une machine spéciale qui a reçu le nom de *sonnette*.

La plus ancienne est la *sonnette à tiraudes*, dans laquelle le mouton est levé
par des hommes; sa chute résulte de ce que ceux-ci lâchent simultanément
les cordons qui leur servent à manœuvrer la masse.

Dans la *sonnette à déclic*, le mouton, soulevé mécaniquement, tombe de lui-même par l'effet d'un agencement spécial. Enfin, dans la *sonnette à vapeur de Nasmith*, le mouton est lié invariablement à la tige d'un piston qui se meut dans un cylindre à vapeur; sa course est courte, mais les coups gagnent beaucoup en violence et en rapidité.

L'usage est de donner aux pieux, par décimètre, environ le vingt-quatrième de leur longueur, sans cependant descendre au-dessous de 18 centimètres. La tête est coupée perpendiculairement à l'axe; elle est arrondie et entourée d'une ou deux frettes en fer forgé afin d'empêcher son écrasement. L'autre extrémité est taillée en pointe et munie d'un sabot de métal pour faciliter la pénétration dans les terrains résistants. Il est bon, lorsque les pieux semblent être battus au refus, de les laisser reposer quelque temps pour les rebattre ensuite; on est alors surpris de les voir s'enfoncer encore : cela tient à ce que le tassement, d'abord très-fort autour du pieu, s'est réparti ensuite dans tout le terrain environnant.

Pour une raison analogue, il est bon de commencer le battage des pieux par le milieu de la fondation. Lorsque cette opération est terminée, on coupe les pieux, de façon à ce que toutes leurs têtes se trouvent dans un même plan horizontal. Ce *recepage* s'effectue au moyen de machines spéciales dites scies à récéper; la hauteur à laquelle il s'effectue dépend du but final auquel on veut arriver, c'est-à-dire de la manière dont on veut utiliser les pilotis. Ce mode de fondation se divise en effet en plusieurs procédés spéciaux qui ont reçu les noms de : *Fondation sur plate-forme, fondation sur grillages, fondation sur massif de béton, fondation par caissons échouables.* L'emploi de l'un ou l'autre de ces procédés sera indiqué par la nature du cours d'eau, la profondeur des eaux, la nature du fond, etc...

La fondation sur plate-forme s'emploiera lorsque la rivière sera à son étiage et que l'on n'aura aucune crue à redouter. On recèpe alors les pieux fort près de l'étiage, soit 0^m 50 en contre-bas. On fixe sur leurs têtes au moyen de boulons des traverses horizontales sur lesquelles on pose un véritable plancher formé de madriers jointifs pour y établir la construction; on entoure la plate-forme d'une assise en pierres de taille plus élevée que l'étiage, puis, dans cette enceinte, on coule du béton, et c'est sur le socle ainsi formé que l'on élève à sec les maçonneries de la pile.

La fondation sur grillage diffère de la précédente en ce que, au lieu d'établir sur les têtes des pieux un plancher complet, on se contente de les réunir par deux séries de traverses placées perpendiculairement. On remplit alors l'espace existant entre le lit de la rivière et le grillage, par un enrochement bien tassé A (fig. B), qui doit même s'étendre en dehors de la fondation ; il a pour effet d'empêcher le déversement des pieux et de s'opposer à leur enfoncement par suite du frottement latéral. On coule ensuite une couche de béton B, jusqu'un peu au-dessus de l'étiage ; la réunion des têtes des pieux, leur solidarité est alors beaucoup plus parfaite que par le procédé de la plateforme. Sur la couche de béton, on élève comme précédemment la maçonnerie C, qui adhère mieux que sur le plancher.

Il faut avoir soin d'entourer la fondation d'une enceinte de pieux jointifs ou de palplanches, pour maintenir ce béton pendant le coulage.

Dans *la fondation sur un massif de béton,* les pieux ne sont préalablement

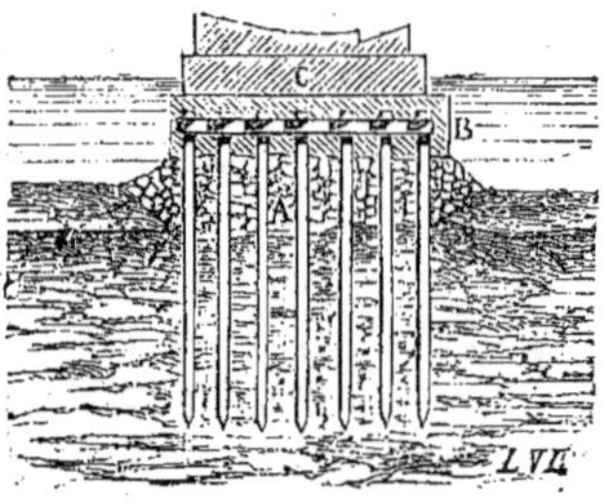

Fig. B.

ment réunis par aucun ouvrage de charpente, soit plancher, soit grillage, mais simplement par une couche de béton dans laquelle les têtes se trouvent noyées.

Ce procédé reçoit son application dans les cours d'eau profonds lorsqu'on est obligé de descendre les fondations trop au-dessous du niveau de l'eau. On drague le lit de la rivière dans l'emplacement choisi, puis on enfonce les pieux à refus ; on les recèpe très-peu au-dessus du fond dragué, et on coule le béton dans une enceinte de pieux et palplanches. On ne peut pas, si la hauteur de l'étiage au-dessus du fond dragué est trop considérable, faire monter le massif de béton jusqu'au niveau de l'eau ; on donne alors plus d'empatement à la fondation et on élève sur la couche de béton un batardeau de même matière, à l'intérieur duquel on exécute à sec les maçonneries. Ce procédé, qui réunit à la méthode générale des pilotis celle des épuisements, a été employé avec succès pour les piles du grand pont de Dirschau sur la Vistule.

FONDATION PAR CAISSON ÉCHOUABLE.

Le caisson est une plate-forme, entourée d'un bordage plus ou moins élevé, bien calfaté pour former un batardeau ; il est construit sur la rive avec toute la solidité possible ; le bordage est assemblé au fond de manière à pouvoir être facilement enlevé lorsque la construction d'une pile est achevée, car le même bordage doit servir à la construction de toutes les piles du pont.

Lorsque le caisson est terminé, on le met à flot et on le maintient près de la rive, puis on commence à exécuter sur le fond les maçonneries de la pile en les disposant par assises horizontales pour que l'appareil s'enfonce bien également, jusqu'à ce que le fond soit presque arrivé au même niveau que les têtes des pieux. On le conduit alors au-dessus de ces derniers, entre lesquels on a comblé les intervalles par un enrochement préalable, puis on le fait échouer en y introduisant de l'eau ; après quoi on le fixe solidement, on achève la maçonnerie, et on démonte les bords pour les faire servir à la construction d'un autre caisson. Ce procédé n'est pas très-ancien et semble avoir été employé pour la première fois en 1750, pour la construction du pont de Westminster à Londres.

Mais il n'en est pas de même de la méthode générale de fondation sur pilotis, qui remonte à la plus haute antiquité et fut presque exclusivement la seule employée jusqu'au commencement de ce siècle. Tous les ponts de Paris construits jusqu'en 1857 sont fondés sur pilotis.

Maintenant, l'on peut dire que cette méthode est presque abandonnée, ou du moins l'on connaît, dans tous les cas, des procédés plus simples, plus expéditifs et mieux appropriés aux circonstances locales. Ainsi, par exemple, lorsqu'on doit aller chercher le bon terrain à une grande profondeur, il devient fort difficile d'enfoncer des pieux, et on doit préférer le système des fondations tubulaires qui permettent, au moyen de l'air comprimé, de descendre jusqu'à 16 et 20 mètres au-dessous du niveau d'un cours d'eau. Si, au contraire, le bon terrain est à une profondeur peu considérable, 3 à 5 mètres par exemple, on aura avantage à fonder sur un massif de béton contenu dans une enceinte de pieux et palplanches ; cette méthode a reçu le nom de fondation par encaissement.

FONDATION PAR ENCAISSEMENT

Ce système consiste à former autour de l'emplacement choisi une ceinture de pieux régulièrement espacés et réunis par des moises. Entre celles-ci, on bat des palplanches, de façon à former une enceinte complète.

On drague avant ou après la pose des pieux, suivant les cas, et sur le terrain, ainsi mis à nu, on établit un massif de béton qui doit s'élever à peu de chose près jusqu'à l'étiage.

Le coulage du béton doit s'effectuer au moyen d'une caisse de forme spéciale, qui s'ouvre lorsqu'elle est à peu de distance du fond, et on doit faire usage de toutes les précautions indiquées à propos du coulage du béton dans les caisses sans fond. On forme, comme dans ce procédé, tout autour des palplanches, une ceinture d'enrochements que l'on élève progressivement, en même temps que le niveau du béton s'élève à l'intérieur.

Ce procédé, que l'on pourrait croire d'invention récente, était cependant connu des anciens, et il est très-bien décrit par Vitruve. Il a été employé récemment à Lyon et aussi à Paris pour les fondations du pont du Carrousel.

FONDATION SUR RADIER GÉNÉRAL.

Le système des fondations sur pilotis, que nous avons désigné comme devant être peu ou point employé à l'avenir, devenait d'ailleurs parfaitement impuissant lorsqu'il s'agissait de fonder sur du terrain incompressible et très-affouillable, s'étendant à une grande profondeur.

En effet, dans ces terrains, les pieux arrivent au refus à une profondeur qui varie entre 3 et 5 mètres, tandis que les affouillements, résultant des irrégularités de régime du cours d'eau, peuvent dépasser cette profondeur, auquel cas les piles ou culées établies sur ces pilotis sont entraînées par le fleuve. C'est ce qui se présente pour l'Allier, dont le fond est formé jusqu'à 17 mètres de profondeur, d'un sable fin, dans lequel les affouillements atteignent 6 et 7 mètres. Aussi, un pont construit à Moulins, sur cette rivière, fut-il emporté trois fois en trente ans, malgré de grandes précautions apportées à sa construction. Il fut rétabli quarante ans plus tard, par l'ingénieur Rigemortes, qui eut l'idée de créer sous la totalité de l'ouvrage un sol factice inaccessible à l'action du cours d'eau et solidement assis d'ailleurs, puisque le terrain sous-jacent est incompressible de sa nature. Il exécuta donc, sans aucune espèce de pilotis, *un radier général* de 1^m 60 d'épaisseur, relié avec les maçonneries des piles et des culées et défendu à l'amont et à l'aval par plusieurs rangées de palplanches jointives, qui devaient faire batardeau pour épuiser l'emplacement du radier. Cette construction fut très-coûteuse et difficile, parce que Rigemortes construisit son radier tout en maçonnerie, au lieu de béton, comme on le ferait actuellement.

C'est ainsi que l'on a construit plusieurs ponts sur l'Allier et d'autres rivières du même genre, sur des radiers en béton, recouverts par une seule assise de pierres de taille. De cette façon, on n'a pas besoin d'épuiser, et le radier est assez protégé par une seule rangée de pieux non jointifs soutenus par un enrochement. Il est ensuite facile d'y élever à sec la maçonnerie des piles.

Cette méthode est, avec celle des fondations tubulaires, la seule possible en pareil cas, et surtout la seule offrant une sécurité complète.

FONDATIONS TUBULAIRES.

Les fondations tubulaires n'empêchent pas les affouillements, mais elles annulent le danger, parce que les tubes remplis de béton qui supportent le pont comme des colonnes ont leur base à un niveau situé bien au-dessous de tous les affouillements possibles. Rarement on se sert de ces tubes pour la fondation de ponts en pierre, cas pour lequel ils seraient employés en guise de pilotis ou de caisson, ne s'élevant que jusqu'à l'étiage et supportant directement les maçonneries de la pile (1). Plus généralement, ils reçoivent leur application dans la construction des ponts en tôle dont ils soutiennent directement les poutres en s'élevant hors de l'eau à la hauteur convenable; leur tête peut être alors décorée de moulures formant chapiteau.

(1) 1851, pont de Rochester (Angleterre); 1859, pont de Kehl sur le Rhin.

Ces supports peuvent s'établir par deux procédés différents, faisant tous deux usage de l'air comprimé comme agent principal. Cet air est introduit dans le tube par la partie supérieure, où on a ménagé une *chambre à air* hermétiquement close, communiquant d'une part avec l'extérieur, d'autre part avec la partie inférieure du tube en fonte ou en tôle.

On pose ce tube sur le sol formant le fond du cours d'eau, et on le charge de façon à le faire pénétrer, puis quand il cesse de descendre, on épuise l'eau, qui a pris le même niveau à l'intérieur et à l'extérieur, au moyen d'un siphon AB (fig. C), dans lequel elle s'élance sous l'action de l'air comprimé que l'on introduit dans la chambre d'air C, d'où il passe dans le compartiment D. Une fois l'eau évacuée et maintenue par la pression de l'air, on introduit en D des ouvriers qui débarrassent le tube du terrain qui y est contenu, jusqu'au bord inférieur *a b*. Ce terrain est chargé dans des bennes *d*, remontées dans la chambre à air *c*, au moyen d'un treuil manœuvré mécaniquement ou à bras d'hommes. Lorsque cette opération est terminée, les ouvriers se retirent; on cesse d'envoyer l'air comprimé et on ouvre des valves par lesquelles l'eau rentre brusquement en désagrégeant le terrain sous le tranchant du tube qui s'enfonce d'autant. Une fois la descente achevée, on épuise de nouveau avec le siphon, on redescend les ouvriers, et ainsi de suite, jusqu'à ce que le tube ait atteint la profondeur voulue. Après quoi on l'emplit de béton, et on a ainsi une colonne solide reposant sur un terrain que l'on peut choisir pour ainsi dire à volonté.

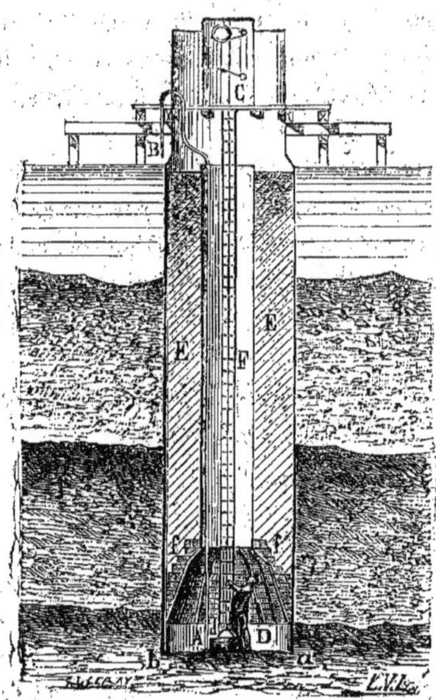
Fig. C.

Mais, au lieu de laisser rentrer l'eau, on peut maintenir constamment la pression de l'air comprimé dans l'espace D (fig. D), et les ouvriers travaillent non-seulement à charger les déblais, mais aussi à draguer vers le bord du tube pour permettre son enfoncement. Les poids destinés à produire la descente, au lieu d'être ajoutés à la partie supérieure du tube, sont placés à l'intérieur sous la forme d'une colonne de béton E, reposant sur une cloche en maçonnerie *f* soutenue par une armature en fer. On a ménagé une cheminée F par laquelle passent les bennes, le siphon et les ouvriers.

Ce procédé est préférable au précédent, surtout lorsque l'on a à traverser des couches résistantes, telles que des marnes ou des argiles compactes, qui se désagrégent peu sous l'action de l'eau. Même dans les terrains peu cohérents, il a l'avantage de donner lieu à un enfoncement bien plus régulier du tube métallique ; il ne reste d'ailleurs, une fois la descente terminée, qu'à remplir de béton l'espace D et la cheminée F.

Quel que soit du reste le procédé choisi, cette méthode permet de surmonter tous les obstacles opposés, soit par le régime du cours d'eau, soit par la nature du terrain. Les ouvriers travaillent facilement et

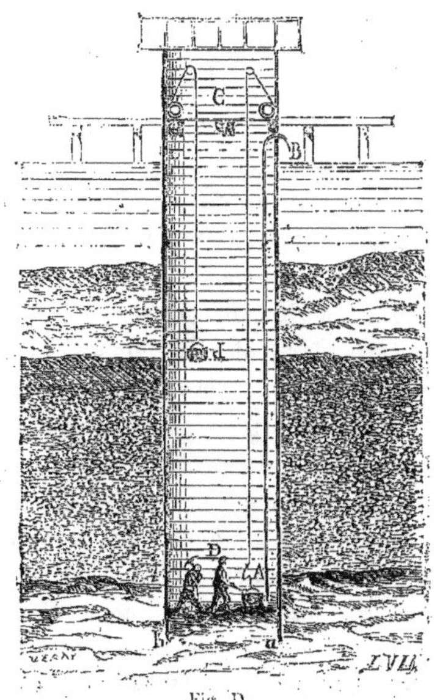

Fig. D.

sans en être incommodés dans de l'air comprimé à trois atmosphères, mais il ne semble pas prudent d'aller au delà. En tous cas, on peut ainsi descendre des fondations à 20 mètres au-dessous de l'étiage, et il ne paraît pas probable qu'on ait jamais besoin d'aller plus loin.

NOTICE [1]

Sur le Pont au Change et le Petit-Pont. — Le Pont Saint-Michel. — Le Pont Notre-Dame. — Le Pont-Neuf. — Le Pont Marie et le Pont de la Tournelle. — Le Pont du Point-du-Jour.

PONT AU CHANGE ET PETIT-PONT

L'antique Lutèce, renfermée dans l'île de la Cité, était, à la fin du quatrième siècle de notre ère, reliée aux deux rives de la Seine par deux ponts nommés le *Grand-Pont* et le *Petit-Pont*, l'un sur le grand bras et l'autre sur le petit bras du fleuve.

Ces deux voies de communication n'étaient pas, comme on pourrait le supposer, dans le prolongement l'une de l'autre : leur emplacement était, à peu de chose près, le même que celui qu'occupent aujourd'hui le Pont au Change et le Petit-Pont. Il est probable qu'il en avait été autrement dans l'origine, et qu'une voie directe traversant la Cité à la hauteur du Pont au Change avait dû alors relier les deux ponts. Mais cet état de choses a dû nécessairement être changé lors de la construction du palais de l'empereur Julien, dont les jardins interceptèrent cette voie rectiligne. Elle fut alors détournée de sa direction primitive, et le Petit-Pont fut, par suite, reconstruit un peu plus haut, à l'entrée de la voie romaine venant du Midi.

Il serait long d'énumérer avec détail les différentes catastrophes que subirent ces deux constructions depuis cette époque reculée jusqu'à la nôtre, et nous nous écarterions d'ailleurs du cadre restreint qui nous est imposé. Combien de fois ils furent détruits par les inondations, les incursions des Normands ou les incendies, serait difficile à préciser. Ce qui est certain, c'est qu'autant de fois ils furent reconstruits, tantôt en bois, tantôt en pierre.

---

(1) Nous avons suivi pour la rédaction de ce travail l'ordre chronologique, en prenant comme base, non pas les dates correspondantes à la construction des ponts actuels, mais celles de l'édification des premiers ponts qui furent construits dans leur emplacement. Les *Albums des ponts de Paris*, rédigés par **M.** Féline-Romany, ingénieur en chef des ponts et chaussées, nous ont fourni de précieux renseignements. Cette notice sera complétée dans nos autres livraisons relatives aux ponts en pierre et en fer.

Vers la fin du douzième siècle, le Petit-Pont fut rétabli en pierre par le chef d'une secte de philosophie et par ses disciples ; ils le bordèrent de maisons où ils se logèrent. Cet homme reçut dès lors le nom de Jean de Petit-Pont, et ses disciples furent nommés *parvipontins*. Quant au Grand-Pont, nommé Pont au Change à cause des boutiques de changeurs et d'orfévres qui s'y établirent dès 1141, il avait également été construit en pierres avant l'hiver de 1408, qui fut si rigoureux, que *l'encre*, disent les registres du parlement, *gelait dans les écritoires des greffiers, qui ne pouvaient ainsi remplir leur charge*. La débâcle emporta le Petit-Pont et détériora l'autre trèsfort. Le cours de leurs vicissitudes se continua avec des fortunes diverses jusqu'en 1647 pour le Pont au Change et 1499 pour le Petit-Pont.

C'est en effet vers cette époque que ce dernier fut construit en pierre, d'une manière plus parfaite qu'il ne l'avait été jusqu'alors, par le cordelier Jean Joconde.

Il subsista jusqu'en 1718 et fut dans cette année détruit par un incendie occasionné par deux bateaux de foin enflammés qui s'arrêtèrent sous ses arches.

Il fut reconstruit sans maisons et se maintint en bon état jusqu'en 1851, année où il fut démoli et remplacé par celui que l'on voit aujourd'hui. Il était composé de trois arches inégales d'une largeur moyenne de 9 mètres, séparées par deux piles de près de 5 mètres de largeur. On reconnut en 1850 que cet ouvrage gênait la navigation dans le petit bras de la Seine récemment canalisé, et sa démolition fut décidée en 1851. Il a été remplacé par un pont d'une seule arche en pierre, construit par M. Gariel, fabricant de ciment à Vassy. La construction a été achevée en 1853 ; l'arche unique est en arc de cercle surbaissée au 1/10 ; elle a 32 mètres de longueur et 1^{m} 35 d'épaisseur à la clef. La largeur entre les deux parapets est de 20 mètres, dont 12 pour la chaussée et 8 pour les deux trottoirs.

La voûte est en meulière taillée, jointoyée au ciment de Vassy ; les parements des tympans sont en meulière assemblée à joints incertains. On a utilisé pour les culées celles de l'ancien pont, reconnues en bon état, en leur donnant un surcroît d'épaisseur. La dépense totale s'est élevée à 385,510 francs.

Quant au Pont au Change, nous avons dit qu'il fut reconstruit solidement et pour ainsi dire définitivement en 1647. Les travaux avaient été commencés sous Louis XIII, en 1639, et ne furent achevés que huit ans plus tard.

Le roi mourut dans l'intervalle. Ce pont débouchait sur la rive droite en face d'une maison sur laquelle était représenté Louis XIV âgé de dix ans, ayant à ses côtés son père et sa mère. Les trois statues étaient en bronze sur fond de marbre noir; il y avait en bas des captifs représentés en demi-relief; ces sculptures étaient l'œuvre de Simon Guillain.

Le pont était composé de 7 arches en plein cintre dont le diamètre variait de 10 mètres à 15^m 60. Il était le plus large de Paris, ayant 32 mètres de largeur; mais il était bordé de maisons qui ne furent complétement abattues qu'en 1788, après un édit de Louis XVI qui ordonnait la démolition des maisons sur tous les ponts de Paris. Sa longueur entre les culées était de 123^m 75. Il fut démoli en 1859, non parce que son état de conservation laissait à désirer, mais parce qu'il n'était pas dans l'alignement du boulevard de Sébastopol; d'ailleurs la première arche de la rive gauche aurait été bouché par suite de l'élargissement du quai de l'Horloge, devant le Palais de Justice.

Le pont actuel est formé de trois arches elliptiques de 31^m 60 d'ouverture, ayant leur naissance à 1^m 50 au-dessus de l'étiage; elles sont soutenues par deux piles de 4 mètres de large à avant et arrière-becs demi-cylindriques. Les voûtes ont 9^m 10 et 9^m 50 de hauteur à la clef au-dessus de l'étiage, 1^m 50 d'épaisseur aux naissances et 1^m 10 à la clef; elles sont construites en moellons piqués provenant de l'ancien pont. Les bandeaux des têtes, les avant et arrière-becs, les tympans sont en pierre de Château-Landon. La décoration des tympans est formée par des N entourées de couronnes de laurier.

Les têtes sont munies d'une corniche à modillons surmontée d'un parapet à balustres en marbre du Jura provenant des carrières de Sainte-Ylie.

La distance entre les têtes est de 31 mètres, et celle entre les parapets de 30 mètres, dont 18 pour la voie et 12 pour les trottoirs. Les fondations sont faites par le procédé de la caisse sans fond, en partie étanche.

La démolition de l'ancien pont a offert de grandes difficultés, surtout pour l'extraction des pilotis sur lesquels étaient fondées les piles; elle a duré plus d'un an et elle est entrée dans la dépense totale de 1,272,331 francs pour la somme de 400,000 francs (1).

---

(1) Pont au Change. — Travaux exécutés sous la direction de MM. de Lagallisserie, Féline-Romany et Vaudrey. Petit-Pont. — Travaux exécutés sous la direction de MM. Michel, Lagallisserie et Darcel.

PONT SAINT-MICHEL

Il y avait déjà, vers le milieu du treizième siècle, sur le petit bras de la Seine, dans le prolongement du Pont au Change et sur l'emplacement actuel du pont Saint-Michel, un pont en bois qui fut alors appelé Pont-Neuf. Il fut probablement détruit et réédifié plusieurs fois jusqu'en 1378, alors que, sous le règne de Charles V, Hugues Aubryot, prévôt des marchands, le fit construire en pierre en employant comme manœuvres tous les jongleurs et vagabonds de Paris. La terrible débâcle de 1408 l'emporta comme les autres; il fut reconstruit en bois, puis plusieurs fois renversé et relevé jusqu'en 1617.

Le pont dont Louis XIII posa alors la première pierre fut établi, paraît-il, dans de meilleures conditions de durée puisqu'il était encore entier et en bon état en 1857.

Il avait 61 mètres de longueur et était composé de 4 arches en plein cintre, celles du milieu ayant environ 14 mètres et celles de rive 10 mètres d'ouverture. Il avait 25 mètres de largeur entre les têtes, mais le passage était réduit à 7^m 80 par des maisons qui, malgré l'édit rendu par Louis XVI en 1786, ne furent abattues qu'en 1808 et 1809. Dans l'origine une statue équestre de Louis XIII sculptée en bronze surmontait la pile du milieu, et des niches circulaires à fronton décoraient les deux tympans latéraux; une belle corniche à consoles terminait le monument. Ce pont était biais avec avant et arrière-becs triangulaires; les angles aigus des arches étaient adoucis par un pan coupé; il faisait un angle de 18° environ avec le pont actuel, construit de telle sorte que les anciennes piles occupaient justement le milieu des trois arches dont il est composé.

Celles-ci sont elliptiques, ont 17^m 20 d'ouverture et reposent sur deux piles de 3 mètres d'épaisseur, surmontées d'N entourées d'une couronne de laurier. Les matériaux et la décoration sont d'ailleurs les mêmes qui ont été adoptés pour la reconstruction du Pont au Change dont nous avons déjà parlé. La distance entre les parapets est de 30 mètres, dont 12 pour les trottoirs et 18 pour la voie. Le travail d'extraction des anciennes fondations fut, comme plus tard au Pont au Change, plus pénible et plus long que celui de la reconstruction. Il est fondé par le procédé de la caisse sans fond en partie étanche et a coûté 551,760 francs (1).

PONT NOTRE-DAME.

Il semble prouvé qu'il existait au commencement du quatorzième siècle, sur le grand bras de la Seine, dans le prolongement du Petit-Pont et de la rue qui traversait dans cette direction l'île de la Cité, un pont en bois dit de la Planche-Mibrai, spécialement destiné au service des moulins établis en cet endroit du fleuve. Il fut emporté en 1408 comme tous les autres ponts de Paris, et en 1413 le roi Charles VI enfonça de sa main le premier pieu d'un nouveau pont en bois occupant le même emplacement, comme cela est très-nettement décrit dans le passage suivant du journal de Paris sous le roi Charles VI :

« Au dit jour (31 mai 1413), le pont de Planche-Mibrai fut appelé pont Notre-Dame, et le nomma le roi de France Charles, et frappa de la trie sur le premier pieu, et le duc de Guyenne son fils après, et les ducs de Berry et de Bourgogne, et le sire de la Trémouille, étant heure de 10 heures du matin. »

Il fut achevé en sept ans avec les soixante-six maisons qui le surmontaient. C'était, disent les écrivains du temps, l'un des plus beaux ouvrages qu'il y eût en France, ce qui ne l'empêcha pas de s'écrouler le 25 octobre 1499 « avec grand fracas et nuages de poussière qui obscurcirent le fleuve et les deux rives ».

C'est alors qu'il fut reconstruit en pierre sous la direction du frère Joconde, qui, quelque temps auparavant, avait déjà édifié le Petit-Pont, comme cela ressort d'un distique latin qui fut gravé dans la pierre sous l'une des arches :

> « *Jocondus germinos imposuit tibi, Sequana, pontes.*
> « *Hunc tu jure potes dicere pontificem.* »

(1) En y comprenant les raccordements des quais aux abords, la dépense partagée par moitié entre la Ville et l'État s'est élevée à 743,253 fr. 09 c. C'est le premier pont construit avec du ciment de Portland; il a été exécuté sous la direction de MM. de Lagallisserie et Vaudrey.

La première pierre du pont Notre-Dame fut posée le 28 mars 1500, et il fut achevé le 10 juillet 1507, et

« ... Pour la joie du parachèvement de si grande et magnifique œuvre, fut
« crié Noël et grande menée avec trompettes et clairons qui sonnèrent par
« long espace de temps. »

Le pont de Jean Joconde était composé de six arches inégales dont la largeur variait de 15ᵐ 60 à 17 mètres. Il était couvert de maisons qui furent abattues en 1786, et obstrué en partie par le bâtiment en bois dit la pompe Notre-Dame, qui subsista jusqu'en 1858. C'est à cette époque, en effet, que le prolongement de la rue de Rivoli rendit nécessaire l'abaissement de la chaussée du pont sur une hauteur telle qu'on fut obligé de le raser complétement jusqu'à l'étiage pour le reconstruire à nouveau. On ne laissa subsister de l'œuvre de Jean Joconde que les fondations, établies très-solidement sur pilotis et protégées par de vastes enrochements. On ne donna aux nouvelles piles que 3ᵐ 50 d'épaisseur, et on les réunit par cinq voûtes elliptiques de 18ᵐ 76 de diamètre pour la plus grande et 17ᵐ 40 pour la plus petite.

La largeur entre les parapets est de 20 mètres, dont 8 pour les trottoirs et 12 pour la chaussée. Ces travaux n'ont coûté que 713,356 francs ; ce prix relativement faible est dû à l'utilisation des matériaux de l'ancien pont, lequel était revenu (non compris les maisons dont il était couvert) à 250,380 livres, soit environ 1,350,000 francs de notre monnaie actuelle (1).

PONT-NEUF.

La communication entre les environs du Louvre et le bourg de Saint-Germain-des-Prés fut d'abord établie au moyen d'un bac, et ce n'est

____

(1) Les maçonneries ont été hourdées au ciment romain et on a utilisé dans la reconstruction les matériaux de démolition, sauf pour les avant et arrière-becs des piles, les têtes de voûtes, la corniche et les parapets.

Il a été démoli en mai 1853 et livré à la circulation en décembre 1853. Les ingénieurs qui ont conduit les travaux sont MM. Michel, de Lagallisserie et Darcel.

qu'en 1578, alors que ce moyen de traverser le fleuve était depuis long-temps reconnu insuffisant, que le roi Henri III, le 31 mai 1578, posa, en présence de la reine mère Catherine de Médicis, de la reine Louise de Lorraine et de plusieurs seigneurs de la cour, la première pierre du Pont-Neuf.

« En ce même mois (de mai), à la faveur des eaux qui lors commencèrent et jusqu'à la Saint-Martin continuèrent à être fort basses, fut commencé le Pont-Neuf de pierre de taille qui conduit de Nesle à l'école Saint-Germain, sous l'ordonnance du jeune du Cerceau, architecte du roi, et furent en ce même an, les quatre piles du canal de la Seine fluant entre le quai des Augustins et l'île du Palais, levées environ une toise chacune par-dessus le rez-de-chaussée. Les deniers furent pris sur le peuple par je ne sais quelle crue ou dace extraordinaire, et disait-on que la toise de l'ouvrage construit coûtait 85 livres (1). »

Après avoir été poussée aussi vivement, la construction fut abandonnée à cause des guerres civiles qui désolèrent la fin du règne de Henri III et le commencement de celui de Henri IV. Mais ce dernier fit continuer le Pont-Neuf sous la direction de Guillaume Marchand, et le 20 juin 1603 il était déjà fort avancé, lorsque le roi le traversa malgré le danger que présentait encore la circulation sur un ouvrage de ce genre non terminé.

« Le vendredi 20 de ce mois (juillet 1603) le roi passa du quai des Augustins au Louvre par-dessus le Pont-Neuf, qui n'était pas encore trop assuré, et où il y avait peu de personnes qui s'y hasardassent. Quelques-uns, pour en faire l'essai, s'étaient rompu le cou et tombés dans la rivière, ce que l'on remontra à Sa Majesté, laquelle riposta, à ce qu'on dit, qu'il n'y avait pas un de tous ceux-là qui fût roi comme lui (2). »

Le pont fut livré aux piétons en 1604, et aux équipages et chevaux en 1607. Il a 230 mètres de long et 23^m 10 de largeur entre les têtes.

Il est divisé en deux parties par le terre-plein de la Cité, sur lequel fut élevé le bûcher de Jacques Molay, grand maître des Templiers, et où le roi

---

(1) L'*Estoile*, journal de Henri III; mai 1578.
(2) Journal de Henri IV; juin 1603.

Louis XIII fit ériger, en 1635, une statue équestre de son père, Henri IV, laquelle fut renversée pendant la Révolution et remplacée en 1818 par celle qui y figure aujourd'hui. La partie nord, reliant le quai de la Mégisserie au quai de l'Horloge, a 149 mètres de longueur, et est formée de huit arches en pleins cintres légèrement biaisés d'un diamètre moyen de 17 mètres environ. Sur le petit bras sont quatre arches formant une longueur de 81 mètres, leur diamètre varie de 15 à 16 mètres.

Le Pont-Neuf fut l'objet de plusieurs réparations, dont les principales furent exécutées en 1775 et 1830. On établit des boutiques dans les demi-lunes couronnant les piles, puis on baissa la chaussée et les trottoirs pour adoucir la pente aux abords du pont, et on commença la reprise des piles en sous-œuvre. Néanmoins les arches, auxquelles on n'avait pas touché depuis la construction primitive, offraient, en 1848, l'aspect d'une véritable ruine, quoique cependant l'on n'eût rien à redouter au point de vue de leur solidité. Sa réparation générale fut alors résolue, et elle fut effectuée de telle sorte que le Pont-Neuf reçut à cette époque *une enveloppe entièrement neuve*. On refit complétement les voûtes, les parements de têtes, les parapets et la corniche que l'on a parfaitement rétablie, telle qu'elle était dans l'origine; les têtes et les masques de satyres qui la soutenaient, dont plusieurs étaient attribués au ciseau de Germain Pilon, ont été fidèlement copiés par d'habiles sculpteurs.

En un mot, on a soigneusement conservé le caractère architectural et le style primitif de cette œuvre d'art; on a supprimé les boutiques qui avaient été ajoutées en 1775 et on les a remplacées par des hémicycles munis de bancs de pierre faisant corps avec le parapet.

Les modifications ont seulement porté sur l'amélioration de la voie publique, l'adoucissement des pentes et l'établissement de larges pans coupés pour rendre la circulation plus commode aux abords du pont. Le prix de ces travaux de restaurations s'est élevé à 2,127,000 francs, dans lesquels les indemnités relatives aux boutiques entrent pour 440,000 francs (1).

---

(1) Le Pont-Neuf est divisé en deux parties : la première (rive droite) a 148m32 de longueur divisée en 7 arches dont la plus grande a 19m53 d'ouverture : la seconde a 84m56 de longueur, et 5 arches dont la plus grande à 16m94 d'ouverture ; les deux parties sont reliées par le terre-plein. Les travaux de restauration sont dus à MM. Michel, de Lagalisserie et Poirée.

PONT MARIE ET PONT DE LA TOURNELLE.

Le 19 avril 1614, messire Nicolas Brulart, chevalier, seigneur de Sillery, chancelier de France, passa au nom du roi, avec le sieur Christofle Marie, un contrat astreignant ce dernier à établir à ses frais un pont de pierres pour communiquer du quartier Saint-Paul à celui de la Tournelle. Le roi Louis XIII et la reine Mère en posèrent la première pierre, le 11 décembre de la même année. La concession faite au sieur Marie fut reportée au sieur Jean de Lagrange par un nouveau contrat datant du 16 septembre 1623; il obligeait en outre le nouveau cessionnaire « à rattacher l'île Saint-Louis à la Cité par un pont en bois, et à l'Université par un pont en pierre en arcades du côté de la Tournelle. »

Le pont Marie, commencé, comme nous l'avons dit, en 1614, et ainsi nommé du nom de l'entrepreneur, fut terminé en 1635. Il était originairement couvert de maisons comme tous les autres ponts de Paris, sauf le Pont-Neuf. En 1658, une crue de la Seine emporta deux arches du côté de l'île, elles furent d'abord rétablies en bois, puis en pierre en 1668. Les maisons furent abattues en 1789, et ce pont eut dès lors le même aspect qu'aujourd'hui. Il a une longueur de 93 mètres sur 23 mètres de largeur, dont 15 mètres pour la chaussée et 8 mètres pour les trottoirs. La largeur des cinq arches en plein cintre qui le composent varie de 17^{m}75 à 13^{m}75. L'élévation de cet ouvrage rappelle par sa décoration générale, et notamment par les niches qui décorent les tympans, celle de l'ancien pont Saint-Michel, qui fut en effet construit à la même époque que celui-ci (1617).

Quant au pont de la Tournelle que le sieur de Lagrange devait faire construire également en pierre, il fut simplement établi en bois; mais, emporté par les eaux en 1637 et de nouveau en 1651, il fut définitivement construit en pierres en 1654 par le sieur Noblet, moyennant le droit qui lui fut conféré de prélever un « droit de péage de 2 deniers par personnes, 6 deniers par homme à cheval et 12 deniers par chariot ou carosses. »

Il ne fut pas recouvert de maisons, particularité qu'il partageait alors avec le seul Pont-Neuf.

Il fut terminé en 1656, présentant six arches inégales en plein cintre d'une largeur moyenne de 16 mètres, offrant à l'eau un débouché linéaire de 96 mètres; les piles sont beaucoup trop épaisses, et elles reposent sur des enrochements faisant encore saillie sur leurs parois verticales, ce qui rend la navigation dangereuse en cet endroit de la Seine. On ne lui a fait jusqu'à présent aucune réparation ni modification importante ; on a seulement porté sa largeur de 14 mètres à 16^m 30, en faisant reposer les trottoirs en partie sur des arcs de fonte assujettis sur les avant et arrière-becs. Ces travaux sont revenus à 500,000 francs.

PONT DU POINT-DU-JOUR (1)

Nous avons exposé avec grand détail dans notre précédente livraison par suite de quelles considérations multiples l'on avait été conduit à construire le pont-viaduc du Point-du-Jour dans l'emplacement et avec les dispositions toutes spéciales que l'on a adoptés.

Le pont proprement dit se compose de cinq arches en maçonnerie ayant la forme d'ellipses dont le grand axe est 30^m 20 et le demi-petit axe 9 mètres; leurs naissances sont situées à 50 centimètres au-dessus de l'étiage. Les voûtes sont construites en meulière piquée avec deux chaînes intermédiaires et bandeaux de tête en pierre de taille de Château-Landon; les avant et arrière-becs sont également en pierre des mêmes carrières, et surmontés d'N entourées de couronnes de laurier sculptées dans des massifs de pierre dure de Chérence. Le reste des tympans est en moellons piqués; ils sont couronnés par une corniche à modillons en marbre du Jura, surmontée d'un parapet à balustres de la même pierre.

Au-dessus de ce pont s'élève le viaduc portant la voie ferrée, composé d'arches en plein cintre de 4^m 80 d'ouverture et 9 mètres de largeur entre les têtes surmontées d'une corniche fort simple et d'un parapet. Les têtes des voûtes et des pieds-droits, la corniche et le parapet sont en pierre de taille; les tympans sont en moellons piqués.

Les pieds-droits sont évidés au moyen de deux voûtes de 2^m 25 de lar-

____

(1) Élévation générale, *pl. IV, fig.* 1. Détails, *pl. V.*

geur, permettant de circuler sous la voie ferrée dans toute la longueur du pont-route. La largeur totale de ce dernier est de 31 mètres, 11 mètres au milieu sont occupés par le promenoir couvert et ses trottoirs, laissant de chaque côté deux chaussées de 7ᵐ 50 avec un trottoir de 2ᵐ 50 longeant le parapet qui a lui-même 50 centimètres d'épaisseur (1). Les débouchés sur les quais de Javel et d'Auteuil sont facilités au moyen de pans coupés, desquels partent des escaliers descendant sur les chemins de halage.

Les massifs des tympans sont évidés au moyen de voûtes portant directement les chaussées et le promenoir; on a considérablement diminué de cette façon le poids supporté par les piles. Celles-ci, au nombre de quatre, ont été fondées par le procédé de la caisse sans fond en partie étanche. La culée et l'arrière-culée de rive droite ont été fondées sur pilotis avec remplissage par une maçonnerie de meulière brute et de ciment de Portland; celles de rive gauche sont simplement assises sur une couche de béton posée sur le sable à 1ᵐ 50 au-dessous de l'étiage. La longueur du pont-route est de 180ᵐ 66; le pont-viaduc est revenu à 3,339,566 francs; les deux viaducs des abords à 823,410 francs, et les chemins de halage avoisinants, qui faisaient également partie de l'adjudication, ont coûté 138,486 francs.

Cet ouvrage, véritablement monumental, apparaît comme un gigantesque portique jeté sur le beau fleuve qui traverse Paris : il termine l'énumération de quelques-uns de nos ponts, constructions souvent remarquables au double point de vue de l'art de l'architecte et de la science de l'ingénieur. N'est-ce pas, en effet, le caractère dominant d'une œuvre de ce genre, de faire concorder avec la sécurité et la stabilité les conditions qui satisfont aussi le goût et l'élégance ?

Il a été publié, dans les notices sur les modèles, cartes et dessins relatifs aux travaux publics, qui ont été réunis par le ministère de l'agriculture, du commerce et des travaux publics, à l'occasion de l'Exposition universelle à Paris en 1867, quelques détails intéressants sur le pont-viaduc du Point-du-Jour.

Voici quelques extraits de cette notice :

On n'a pas voulu conserver dans la traversée du fleuve les dispositions adoptées dans la traversée d'Auteuil, à cause de la grande largeur qu'il eût

______

(1) Voir *pl. V.*

fallu donner au pont entre les deux têtes, largeur s'élevant à 43 mètres.
On a préféré adopter celle de 31 mètres, ainsi divisée :

2 parapets . . . . 1 m. 00 c.
2 trottoirs attenant aux parapets, de 2 m. 25 c. . . 4   50
2 chaussées en asphalte comprimée, de 7 m. 25 c. . 4   50
Trottoir central correspondant au viaduc du chemin
   de fer 11   00

Total. . . . . 31 m. 00 c.

Le viaduc portant le chemin de fer se compose de trente et une arches
en plein cintre, et à chaque grande arche du pont correspondent six arches
du viaduc. L'arche de chaque extrémité, en arc de cercle de 20 mètres
d'ouverture, est destinée au passage du quai projeté sur chaque rive de
la Seine.

Fondations. — La culée et l'arrière-culée, rive droite, ont été fondées sur pilotis ;
les pieux, battus en quinconce (1) dans l'argile mêlée de tourbe et de vase, n'ont pas
été recouverts de grillages et ont été reliés par une forte couche de béton hydraulique.

Piles en rivière. — Elles ont été fondées sur massif de béton hydraulique coulé
dans un caisson en charpente sans fond échoué sur le banc de craie qui forme le sous-
sol de la vallée, après avoir dragué préalablement le sable et la vase formant le lit
du fleuve.

Culée et arrière-culée de la rive gauche. — Elles ont été fondées sur massif en béton
coulé sur le gravier dans une enceinte de pieux et palplanches jointives.

Grandes arches. — Elles ont été montées sur des cintres de deux systèmes : les
premiers, à trois points d'appui intermédiaires pour les arches fermées à la navigation ; les seconds, réservant un passage libre de 12 mètres au touage à vapeur de
la navigation (*voir planche V*). Le montage et le décintrement ont eu lieu avec le
système dit des boîtes à sable.

Piles du viaduc. — Elles ont été descendues jusqu'à l'intrados des grandes arches
et ont été reliées entre elles par des petites voûtes en briques creuses affleurant le
niveau des chaussées du pont (2).

La construction du pont a été faite au moyen de passerelles et dans les

(1) Page 382 de la Notice. — Pont-viaduc sur la Seine, à Auteuil. — Modèles, coupes et
plans figurant à l'Exposition universelle de 1867.
(2) Page 384 de la Notice.

conditions ordinaires, sans matériel exceptionnel. Le montage du viaduc n'a pas offert de difficultés.

Les voûtes des arches, de 20 mètres, ont été montées en dernier, pour augmenter la solidité générale.

Les matériaux employés ont été tirés des carrières de Château-Landon, de Saint-Ylie pour les parapets et de Chérence pour les décorations.

Les travaux, commencés en juillet 1863, ont été terminés en juillet 1865.

Les dépenses autorisées s'élèvent à 3,463,774 fr. 35 c.

Le mètre carré du pont des voitures revient à 430 francs.

Le mètre superficiel en élévation (fondation comprise) du viaduc du chemin de fer et des arches des quais revient à 266 francs.

Ces chiffres sont élevés, si on les compare aux prix de revient des viaducs de Javel et d'Auteuil (1).

(1) Le viaduc de Javel revient à 298,420 fr. 56 c. — M. Andraud, entrepreneur; M. Bassompierre et de Villiers du Teprage, ingénieurs.

Le viaduc d'Auteuil revient à 1,780,921 fr. 70 c. — MM. Vatel et Nobilet, entrepreneurs. (Pages 378 et 387 des Notices citées ci-dessus.)

CANAL MARITIME DE SUEZ

PROJETS. — TRAVAUX

PAR

E. DEHARME

Ancien élève de l'École Centrale des Arts et Manufactures,
Ingénieur-Secrétaire de la Direction des Chemins de fer du Midi.

CANAL MARITIME DE SUEZ

PROJETS. — TRAVAUX

C'est avec un sentiment de respect que nous abordons cette question du canal maritime de Suez: non pas que la moindre incertitude règne dans notre esprit sur la réussite de cette grande entreprise, ni que nous redoutions de nous attacher à la description d'une œuvre qualifiée bien souvent de chimérique ; mais parce que nous avons présents à l'esprit les innombrables souvenirs de cette pieuse terre d'Égypte, terre destinée à être bientôt témoin de la communion incessante des deux grandes familles européenne et asiatique.

Nous voyons le Nil aux eaux fécondantes, aux sources encore mystérieuses, devenir le premier instrument, l'instrument indispensable du grand travail qui s'opère, servir à l'alimentation des ouvriers, au transport des vivres qui leur sont destinés, porter les dragues et les machines employées au creusement du canal, puis les déblais eux-mêmes répandus sur les deux rives.

Nous parcourons, le long du canal d'eau douce, cette fertile terre de Gessen, donnée jadis par Joseph à son père et à ses frères, et qui fut, jusqu'au départ de Moïse, la demeure des Israélites en Égypte.

Notre esprit voit défiler ces légions d'ouvriers qui, à différentes époques, sont venus mouiller cette étroite langue de terre de leur sueur pour l'ouvrir au passage des navires de l'Orient et de l'Occident, et s'étonne au souvenir des conflits qui ont divisé tour à tour les hommes, les partis, les nations elles-mêmes. Il n'y a certainement pas de question qui, dans les temps modernes ou dans les temps anciens, ait offert de vicissitudes plus multipliées !

Que Xerxès, ce roi qui faisait fouetter la mer parce qu'elle avait détruit un pont de bateaux jeté par lui sur l'Hellespont, s'imagine de percer le mont Athos pour y établir un canal : il le pouvait avec des levées de trois millions d'hommes ! Que Dinocrate, l'architecte macédonien, pense à tailler le même mont Athos pour lui donner la figure d'Alexandre ou celle d'un homme tenant une ville dans sa main : rien d'impossible ! Mais on ne peut voir dans toutes ces conceptions que l'œuvre d'esprits égarés par leur puissance, habitués à jouer avec la vie des hommes, comme le jongleur avec les balles qu'il fait sauter dans ses mains. On ne peut trouver dans tous ces projets aucune idée grande, aucune pensée élevée, inspirée par le désir de répondre à de grands besoins, de satisfaire à de nobles aspirations, de faire avancer l'humanité d'un seul pas dans la voie du progrès : œuvres stériles qu'aucun esprit n'anime et qui disparaissent avec ceux qui les ont enfantées !

Nos sentiments sont tout autres vis-à-vis du percement de l'isthme de Suez : l'union des deux mers, c'est l'union des deux mondes ; c'est la civilisation et le commerce de l'Occident, tendant la main à la barbarie et à l'ignorance de l'Orient, c'est la lumière et la vie offertes à 500 millions de créatures humaines, c'est enfin l'une des œuvres les plus importantes accomplies vers la constitution de l'alliance universelle des peuples.

EXPOSÉ :

ROUTES DE L'INDE. — PROJETS ET TRAVAUX DANS LES TEMPS ANCIENS ET DANS LES TEMPS MODERNES.

Au sud de l'Europe s'étend la péninsule africaine, aux vastes déserts de sable, aux côtes seulement habitées et bien connues. L'Océan la limite de toutes parts ; à l'est seulement, une étroite langue de terre, interposée entre le grand bassin de la Méditerranée et la mer Rouge, réunit l'Afrique au continent Asiatique : c'est l'isthme de Suez.

Pendant de longues années, l'isthme a été le seul chemin connu pour se rendre dans l'Inde. Les marchandises, débarquées sur les côtes de la Méditerranée, étaient placées à dos de chameaux, traversaient le désert et reprenaient la mer à Suez. En 1486, un navigateur portugais, Barthélemy Diaz, découvrait le cap des Tourmentes, appelé plus tard cap de Bonne-Espérance. Vasco de Gama doublait, en 1497, le même cap et indiquait la nouvelle route des Indes.

Ainsi donc, deux routes peuvent être suivies pour se rendre dans les Indes, en Chine et en Australie : l'une, la plus ancienne, celle de l'isthme de Suez, exigeant un déchargement à Alexandrie, la traversée de l'isthme par les caravanes, — depuis quelques années en chemin de fer, — et le rechargement à Suez; l'autre, contournant l'Afrique, connue depuis moins de quatre siècles seulement, et permettant aux navires de l'Europe et de l'Amérique de débarquer dans les ports de l'Orient. La première a l'avantage d'être la plus courte, et la seconde celui de ne pas exiger de rupture de charge, ni de transbordement. Aussi la voie de l'isthme est-elle exclusivement réservée aux transports des personnes et des marchandises légères ou d'un grand prix, et la seconde aux marchandises encombrantes, d'une moindre valeur, et qui peuvent sans inconvénient tenir la mer pendant plus longtemps.

On conçoit donc tout l'intérêt que présente le percement de l'isthme, qui doit permettre au mouvement considérable s'opérant aujourd'hui par le cap de Bonne-Espérance, de prendre la voie plus rapide de Suez pour le plus grand nombre de ses destinations. Les anciens, dont le commerce était bien peu important, dont les relations presque nulles à leur origine et pendant longtemps ont été difficiles et gênées plus tard par les guerres et la piraterie, avaient parfaitement compris l'avantage que procurerait un canal réunissant les deux mers, et cherché bien souvent à l'établir.

Selon Hérodote, Nécos, fils de Psammétichus, aurait le premier travaillé à l'exécution d'un canal indirect, terminé après la conquête persane par Darius Ier. Ce canal partait de Bubastis, où il recevait les eaux du Nil, se dirigeait d'abord d'Occident en Orient, puis, *passant par les ouvertures de la montagne*, ainsi que le dit l'historien grec, aboutissait, près de Patumos, à la mer Rouge. *Sous le règne de Nécos, 120,000 hommes périrent en le creusant!*

D'après Diodore de Sicile, ce n'est pas Darius, mais Ptolémée II qui aurait achevé le canal et fait placer dans l'endroit le plus favorable *des barrières très-ingénieusement construites; qu'on ouvrait quand on voulait passer et qu'on refermait ensuite très-promptement.* L'origine des écluses remonte donc à la plus haute antiquité.

Strabon prétend que le canal a d'abord été creusé par Sésostris, avant la guerre de Troie. D'autres témoignages l'attribuent à Psammétichus, le fils. Darius l'aurait continué. Les Ptolémées enfin l'auraient terminé.

D'après les ingénieurs du temps, les eaux de la mer Rouge étaient supposées à un niveau supérieur à celui de l'Égypte. La crainte de voir le pays envahi par les eaux arrêta souvent les travaux et fit reporter jusqu'au vieux Caire la prise d'eau du canal, dont l'exécution passa entre les mains des Romains d'abord et des califes plus tard. Le géographe Alfergan, l'écrivain Makryzy rapportent que Trajan et Adrien firent à nouveau creuser le canal obstrué par les sables. Après la conquête de l'Égypte, Amrou, d'après les ordres d'Omar, rétablit le canal pour faire transporter des vivres à Médine et à la Mecque, désolées par la famine. Mohammed-ben-Aby-Thaleb s'étant révolté dans Médine contre Abou-Jafar-el-Mansour, ce dernier fit fermer l'embouchure du canal dans la mer de Kolsom (mer Rouge).

L'histoire ne fait connaître aucune tentative nouvelle depuis l'époque de la domination des califes jusqu'à la fin du siècle dernier. Lorsque Napoléon entra en Égypte, il chargea l'un des ingénieurs faisant partie de la commission scientifique attachée à l'expédition, M. Lepère, d'étudier un projet de jonction des deux mers. Nous verrons plus loin les dispositions principales proposées par cet ingénieur.

Enfin, en 1846, sous les auspices de M. Enfantin, une société se forma dans le but d'étudier et d'exécuter un canal de communication entre la Méditerranée et la mer Rouge. Le projet, publié par la *Revue des Deux-Mondes*, est dû à M. Talabot, directeur de la Compagnie des chemins de fer de Paris à Lyon et à la Méditerranée. Nous en indiquerons le tracé. Nous décrirons rapidement celui qui a été produit en 1856 dans la même Revue par MM. Alexis et Émile Barrault.

Après avoir fait connaître les raisons qui ont conduit la Commission internationale à rejeter ces divers projets, nous examinerons celui qui a été proposé par MM. Linant-Bey et Mongel-Bey, ingénieurs du vice-roi, sur l'invitation de M. Ferdinand de Lesseps, et qu'elle a adopté en y apportant quelques modifications.

Ainsi donc, depuis les temps les plus anciens jusqu'à nos jours, sous les Pharaons, sous les Ptolémées, au temps des empereurs romains et sous la domination des califes, on s'est occupé du creusement du canal des deux mers.

IMPORTANCE DU MOUVEMENT DU COMMERCE ET DE LA NAVIGATION.
ÉVALUATION DU TRAFIC.
OBJECTIONS FAITES A L'OUVERTURE DU CANAL.

Une des études préliminaires auxquelles ont dû se livrer les ingénieurs chargés de préparer l'avant-projet du canal des deux mers, a été celle du mouvement commercial et maritime existant entre l'Orient et l'Occident et devant prendre la route de Suez.

D'après les *Annales du commerce extérieur*, le mouvement maritime et commercial entre l'Europe et les grandes Indes, la Chine, Marseille et le Japon pour l'année 1853, présente un total de *deux millions de tonneaux* transportés par *quatre mille deux cents navires*, et représentant une valeur de *deux milliards cinquante millions de francs*. Ces chiffres ne s'appliquent « qu'aux expéditions directes d'envois et de retours effectués par les pays d'Europe, » et ne comprennent pas, par conséquent, toutes les opérations intermédiaires, non plus que les mouvements résultant du service des vapeurs qui relient l'Inde à l'Europe et à l'Amérique. En tenant compte de toutes ces transactions commerciales, « on arriverait aisément à tripler, à quadrupler peut-être les chiffres cités plus haut » .

Mais ces chiffres croissent d'année en année, et il a été noté que, de 1850 à 1855, le mouvement de la navigation anglaise, comprise dans le commerce général des Indes pour plus de moitié, s'est accru de près de cent mille tonnes par année.

Ne convient-il pas aussi de prévoir le développement qui doit résulter d'une abréviation de parcours de 3,000 lieues sur 6,000, et du commerce local de la mer Rouge?

On peut enfin établir une assimilation parfaite entre les résultats qu'on doit attendre de l'établissement du canal et ceux qui sont donnés par nos voies ferrées actuelles, et, par conséquent, appliquer la même méthode à l'évaluation du mouvement qui doit avoir lieu. On est ainsi conduit au chiffre de *douze* ou *quinze mille* navires transportant *six* à *huit millions* de tonneaux.

Mais les chiffres qui précèdent ne tiennent pas compte des transactions qui existent entre les Indes et les deux Amériques. Ces transactions s'opèrent aujourd'hui par deux voies différentes : par l'océan Atlantique et le cap de Bonne-Espérance, ou bien par l'océan Pacifique.

Les États-Unis seulement (des renseignements précis manquent pour les autres pays) ont donné lieu, en 1853, à un mouvement de 665 navires, transportant 443,915 tonneaux et représentant une valeur de 143,302,000 francs. On estime que la partie de ce mouvement qui s'opère par l'Atlantique et le cap de Bonne-Espérance, et qui doit bientôt prendre la voie de Suez, est de 364 navires et de 280,924 tonneaux.

Il faudrait donc ajouter à ces chiffres ceux qui seraient fournis par le commerce des autres pays des deux Amériques et tenir compte aussi de l'exécution très-probable, dans un assez court délai, du canal interocéanique à ouvrir à travers l'un des isthmes du continent américain, canal qui amènera vers Suez la moitié au moins du mouvement qui s'opère aujourd'hui par l'océan Pacifique.

Néanmoins, en laissant de côté ce qui est inconnu et ce qui n'est qu'éventuel, on arrive aux résultats suivants :

	Navires	Tonneaux	Valeur
Europe par le Cap.	4,200	2,000,000	2,050,000,000
États-Unis par l'Atlantique. .	364	280,924	84,000,000
Totaux. . .	4,564	2,280,924	2,134,000,000

Si l'on considère maintenant : 1° que ces chiffres se sont élevés d'année en année, non-seulement pour l'Angleterre, mais encore pour les autres États, et spécialement pour la France, la Hollande et l'Amérique;

2° Que le jour de l'ouverture du canal sera le commencement d'une ère nouvelle pour les marines locales et tout d'abord pour celles de la mer Rouge et des côtes de Syrie;

3° Enfin qu'il convient de compter sur l'accroissement certain résultant de l'établissement de la nouvelle voie;

On reconnaît que les auteurs de l'avant-projet ont voulu se mettre à l'abri de tout reproche d'exagération en tenant pour bien peu toutes les causes d'amélioration des produits que nous venons de signaler : ils ont, en effet, évalué à *six millions de tonneaux* le commerce général avec les Indes, et pris *la moitié de ce chiffre* seulement pour base des évaluations des revenus.

Il résulte des calculs de M. Gressier, ingénieur hydrographe en chef, conservateur du Dépôt des Cartes et Plans de la marine, que pour les ports de l'Europe les plus éloignés, le trajet par l'isthme sera moindre *de moitié* que celui par le Cap. Pour ceux de la Méditerranée qui sont le plus rapprochés de l'isthme, il sera moindre des *deux tiers ;* c'est, en moyenne, une abréviation de 3,000 lieues métriques sur 6,000.

Qu'a-t-on opposé à cet avantage? Les difficultés que présentent la navigation de la Méditerranée et de la mer Rouge et le passage des détroits de Gibraltar et de Bab-el-Mandeb.

En premier lieu, on a parlé des difficultés de la navigation dans la Méditerranée. Mais ses côtes ne sont-elles pas bien connues, est-elle si étroite que les navires y circulent avec peine, ses fonds offrent-ils le moindre danger, les pays qui la bordent sont-ils inhospitaliers et sans ressources, et les navires de la Catalogne, de Gênes, de l'Italie, de l'Adriatique, de Venise, l'ancienne reine de la mer, de la Grèce ou de la Syrie ne sont-ils pas réputés les meilleurs et les plus courageux? Est-ce que les services qui s'y exécutent dans tous les sens laissent à désirer, et ne s'accorde-t-on pas aujourd'hui à reconnaître leur parfaite régularité, comparée souvent à celle de nos voies ferrées? Une pareille objection nous semble absolument vaine.

Le passage du détroit de Gibraltar, s'il offre une difficulté dans un sens, offre un avantage en sens contraire au mouvement des navires, à cause du courant constant dirigé de l'Océan vers la Méditerranée. La navigation à vapeur ne s'en effraye nullement. Quant aux navires à voiles, qui attendent aujourd'hui le moment d'une brise favorable pour passer d'une mer dans l'autre, ils auront recours à l'emploi de remorqueurs qui ne manqueront pas de se mettre à leur disposition dès que le besoin s'en fera sentir, ainsi que cela a eu lieu déjà en 1847. Un service semblable s'organisera très-probablement entre la mer Rouge et la mer des Indes, pour le passage du détroit de Bab-el-Mandeb.

Examinons enfin la dernière objection faite à l'établissement du canal : la navigation de la mer Rouge. Le grand défaut de la mer Rouge est d'être moins connue, et cela parce qu'elle a été moins parcourue. L'ignorance de ses conditions nautiques suffit à entretenir les craintes dont elle a été l'objet. Nous ferons appel pour les réfuter aux documents mêmes réunis par les adversaires du canal.

Lorsque l'Angleterre songea à employer la voie de Suez pour faciliter ses relations avec ses possessions de l'Inde, le parlement ordonna des enquêtes dont la date remonte aux années 1834 et 1837, et à la suite desquelles le transport des dépêches et des passagers fut organisé par l'Égypte. En 1865, après une nouvelle instruction de cinq années, elle a commandé cinq navires en fer destinés à l'établissement d'une ligne de transports militaires, dont les avantages pour elle se résument annuellement par la conservation de la vie de près de 5,000 hommes et en un chiffre d'économie de 3,100,000 francs par an.

Des marins anglais ont rendu compte de la navigation de la mer Rouge ; des officiers français ont aussi exploré cette mer. Il résulte des renseignements fournis par les uns et par les autres que la marine à voiles, à l'égard de laquelle seule il peut subsister quelque incertitude, trouvera dans l'action des vents qui soufflent périodiquement dans ces parages un auxiliaire puissant, à la condition que les voyages s'effectuent à des époques déterminées.

Quant aux récifs formés de bancs de coraux, qui bordent les côtes de la mer Rouge, ils n'offrent pas de danger réel, puisque cette mer présente en son milieu un chenal de vingt lieues de largeur où les navires peuvent circuler sans gêne. D'ailleurs, la création de phares, de balises, de signaux sur les rives, achèvera de donner une sécurité parfaite à la navigation.

Nous ne croyons donc pas fondées les craintes qu'on s'est plu à répandre dans l'intention de mettre obstacle à l'exécution du canal. Elles sont de si peu d'importance en comparaison des avantages qui doivent résulter du raccourcissement dû à l'ouverture de cette grande voie de navigation, qu'elles ne méritent pas qu'on s'y arrête.

Nous avons dit précédemment ce que la route de Suez doit faire gagner comme distance et, par suite, comme temps ; l'économie en argent n'est pas moins considérable. Les hommes compétents l'évaluent à 50 francs par tonne. Ce chiffre, appliqué aux 3 millions de tonnes qui représentent le mouvement maritime futur du canal, donnerait 150 millions de francs que, pour être modéré, on réduit à 120 *millions*. L'Angleterre seule est comprise dans ce résultat pour 80 millions !

Examinons maintenant les projets fournis dans les temps modernes pour l'exécution de cette grande voie de communication, et tout d'abord faisons connaître le pays que nous allons parcourir : la Basse-Égypte.

PÉRIODE D'ÉTUDES (1799-1859)

DESCRIPTION DE LA BASSE-ÉGYPTE

La Basse-Égypte ou Égypte cultivée (*Pl.* 1.) forme un vaste triangle, de 1,375 lieues de superficie, dont le sommet est au Caire et dont la base est formée par une ligne convexe terminée à l'ouest par Alexandrie, à l'est par Péluse.

Le Nil arrose toute sa surface : des sept branches qui existaient autrefois, il n'en reste plus que deux, celle de Rosette et celle de Damiette, qui prennent leur origine en aval du Caire et descendent leurs eaux jusqu'à la Méditerranée, après avoir fécondé, par de nombreux canaux, les terres sur lesquelles elles se sont répandues. Fleuve inconstant, bonne et parfois mauvaise providence de l'Égypte, qu'il réduit à la famine si ses eaux sont trop basses ou trop hautes, — à laquelle il donne des récoltes favorables et l'abondance si ses eaux atteignent et dépassent même un certain niveau, le Nil débite dix fois autant que la Seine et à peu près le double du Rhône. Sa vitesse varie de 0^m 50 à l'étiage à 1^m 50 au moment des grandes crues. La proportion variable de limon qu'il tient en suspension est de 0,008 du volume d'eau pendant la crue, de 0,002 à l'étiage, et de 0,004 en moyenne. Indépendamment du limon que transporte le Nil et dont une faible quantité se dépose sur les terres qu'il arrose, tandis que la plus grande proportion est entraînée vers la mer, le Nil transporte encore des sables, arrachés à ses berges par le courant ou jetés dans son lit par les vents.

Des lacs d'une grande étendue se trouvent à la base du Delta : les lacs Menzaleh, le lac de Bourlos, le lac d'Etko, l'ancien lac Maréotis, séparés de la mer par un banc de sable, ou lido, qui souvent ne présente pas plus de 100 à 150 mètres de largeur, émergeant à peine au-dessus de la haute mer.

A l'est de la Basse-Égypte, sur une longueur de 113 kilomètres mesurée du fond de la mer Rouge à la Méditerranée, s'étend l'isthme, qui emprunte son nom à Suez, la porte de l'Orient. Suez est par 29° 58' 37" de latitude nord, tandis que Tineh, l'ancienne Péluse, est par 31° 3' 37", ce qui donne en latitude la faible différence de 1° 5'.

L'inspection de la carte montre que des lacs nombreux sont compris entre Péluse et Suez dans la traversée de l'isthme; la dépression qui règne du nord au sud porte à croire qu'à des époques géologiques, relativement peu éloignées, la mer Rouge se trouvait très-rapprochée de la Méditerranée et l'isthme beaucoup moins étendu qu'il ne l'est aujourd'hui. Sauf quelques seuils peu élevés que l'on rencontre entre les lacs Amers et le lac Timsah, et entre ce dernier et les lacs Menzaleh, la plaine est presque horizontale et le thalweg très-nettement accusé. Il semble que la nature ait fixé au travers de ces lacs et dans les parties basses de cette vallée le tracé de la communication des deux mers.

Une autre dépression, non moins intéressante au point de vue de l'Égypte, est celle qui existe de l'est à l'ouest presque normalement à la première, entre le lac Timsah et l'ancienne Bubaste. C'est la vallée de l'Ouady-Toumilat, la terre de Gessen des Hébreux. Lorsque la crue du Nil est un peu forte, ses eaux y arrivent et pénètrent même jusqu'au lac Timsah. C'est dans cette vallée que sera creusé le canal d'eau douce, à côté et parfois dans l'emplacement même de l'ancien canal des Ptolémées et des empereurs romains.

PROJETS DIVERS PRÉSENTÉS DANS LES TEMPS MODERNES

Il résulte de cette configuration de l'isthme que le tracé le plus naturel est celui qui suit la ligne de plus courte distance entre les deux mers ou, du moins, cette ligne parfois légèrement infléchie, de manière à profiter des dépressions profondes des lacs interposés. Ce tracé n'est cependant pas celui qui a été d'abord proposé. Les ingénieurs qui ont cherché à relier les deux mers, effrayés, les uns par la traversée des lacs, les autres par les embouchures du canal dans la baie de Tineh ou dans le golfe de Suez, ont délaissé la voie facile qui leur était indiquée par la nature, et dirigé le canal vers le milieu de l'Égypte, sans craindre de couper les canaux et de troubler le régime hydraulique sur lequel repose non-seulement la prospérité du pays, mais sa vie elle-même. Il faut, d'ailleurs, leur rendre cette justice qu'aucun d'eux n'a méconnu les avantages que devait procurer l'adoption du tracé direct, dont ils se sont éloignés par des craintes reconnues vaines aujourd'hui.

La description de ces projets, en faisant mieux connaître les difficultés à vaincre, permettra de mieux apprécier aussi les dispositions qui ont été arrêtées par la Commission internationale.

PROJET DE M. LEPÈRE (1798-1803)

Ainsi que nous l'avons dit précédemment, M. Lepère fut chargé par Napoléon, au moment de l'expédition d'Égypte, de préparer le projet du canal. Cet ingénieur, après un séjour de deux ans en Égypte, remettait au premier Consul, le 24 août 1803, son *Mémoire sur la communication de la mer de Indes à la Méditerranée par la mer Rouge et l'isthme de Suez.*

Le projet de M. Lepère est à peu près la reproduction de l'ancien cana des Pharaons. Le tracé qu'il propose part de Suez, traverse les lacs Amers, pénètre dans l'Ouady-Toumilat et débouche dans la branche de Damiette, à Bubaste. Il emprunte ensuite les branches du Nil et ses canaux, et suit enfin la direction qu'on a donnée plus tard au canal d'Alexandrie ou du Mahmoudieh. — Ce projet comporte l'exécution de quatre écluses à sas, capables de recevoir les bâtiments tirant de 12 à 15 pieds. La dépense approximative y est évaluée à 30 millions de francs, et le temps nécessaire à l'exécution des travaux à cinq années.

Suivant cet ingénieur, ce canal devait être plus avantageux pour l'Égypte qu'un canal direct entre les deux mers, et la côte vers Péluse ne lui paraissait pas devoir « permettre d'établissement maritime permanent ». Le nom de la baie au fond de laquelle se trouve le fort de Tineh (1) l'effrayait et lui faisait redouter l'envahissement et l'obstruction du canal. Il craignait aussi de ne pouvoir creuser et entretenir à la profondeur voulue le chenal entre Suez et les grands fonds de la rade. Toutes ces raisons l'ont empêché de donner la préférence au tracé direct, dont il reconnaissait cependant tous les avantages.

« *La chose est grande*, dit Napoléon en recevant de M. Lepère le projet qu'il lui avait demandé, *ce n'est pas moi maintenant qui pourrai l'accomplir ; mais le gouvernement turc trouvera un jour sa conservation et sa gloire dans l'exécution de ce projet.* »

L'œuvre, en effet, resta à l'état de projet.

Divers tracés, se rapprochant plus ou moins de celui de M. Lepère, ont été proposés ensuite. Ils reposent tous sur les résultats du nivellement des opéra-

(1) Tineh, en arabe, signifie vase, boue.

teurs de 1799, et supposent le canal alimenté tantôt par les eaux du Nil, tantôt par celles de la mer Rouge.

Nous arrivons enfin au projet présenté par M. Talabot, dont les études marquent un progrès décisif dans la question.

PROJET DE M. P. TALABOT (1846-1855)

Après avoir appelé pendant vingt ans l'attention des peuples civilisés sur la question de Suez, M. P. Enfantin fondait, en 1846, une société composée des hommes qui, en Allemagne, en Angleterre et en France, étaient spécialement versés dans l'industrie. Trois ingénieurs, choisis parmi les membres de cette société, MM. Robert Stephenson, Negrelli et Paulin Talabot, s'occupèrent des études nécessaires pour la rédaction d'un nouveau projet. MM. Stephenson et Negrelli se chargèrent des études à faire dans les deux mers, et M. Talabot des études dans l'isthme.

Une des questions qui préoccupa tout d'abord M. Talabot fut celle de la hauteur relative des deux mers. Les opérateurs chargés du nivellement de l'isthme en 1799 avaient trouvé que les eaux de la mer Rouge étaient $9^m 908$ (près de 10 mètres) plus haut que celles de la Méditerranée. *A priori*, ce phénomène était étrange et devait d'autant plus inspirer la défiance, que les circonstances dans lesquelles il avait été constaté étaient plus défavorables. Cependant ces résultats étaient généralement admis. Deux hommes protestaient seuls : Laplace et Fourier, qui ne craignaient pas de se mettre en opposition avec la tradition, remontant à Aristote.

Avant d'entreprendre l'étude du projet, il convenait de connaître « la quotité exacte de la différence du niveau des deux mers et la disposition géométrique du sol de l'isthme qui les sépare ». M. Talabot chargea de ce soin M. Bourdaloue, bien connu pour les opérations de ce genre et dont le nom restera attaché au grand travail du nivellement général de la France.

Autant les conditions anciennes des ingénieurs de 1799 étaient fâcheuses, autant les nouvelles étaient favorables : les instruments les meilleurs, le plus soigneusement construits, le plus minutieusement vérifiés et comparés, les opérations conduites avec la méthode et le soin le plus parfaits, assuraient l'exactitude des résultats, dont on pouvait faire le rapprochement, après complète vérification, le 6 janvier 1848.

Il était désormais parfaitement établi : « 1° que la basse mer du 8 décembre 1847 à Tineh étant prise pour point de départ, la basse mer du
25 novembre à Suez n'était que de 3 centimètres au-dessus de ce niveau; or
la marée du 8 décembre ayant été à Tineh de $0^m 38$, et celle du 25 novembre
à Suez de $1^m 95$, la cote de la mer moyenne serait à Tineh de $0^m 19$, à Suez
de $0^m 99$: la différence entre les niveaux moyens des deux mers serait donc
de $0^m 80$; — 2° que le niveau des basses eaux du Nil, au meqyas du Caire,
est de $13^m 27$ au-dessus de la basse mer du 8 décembre à Tineh. »

Laplace avait donc raison, et la science triomphait. Depuis cette époque,
des vérifications nombreuses ont été faites des opérations de 1847, et le doute
n'est plus possible sur les résultats que nous venons d'indiquer.

M. Talabot aborde alors la question du tracé.

Le canal qu'il propose est, comme celui de M. Lepère, un canal indirect
(*Pl.* 1). Parti de Suez, il traverse les lacs Amers, pénètre dans la vallée de
l'Ouady et franchit le Nil en amont du barrage de Saïdieh. De là, il se dirige
sur Alexandrie, où il débouche dans le port vieux. Sa longueur est de 100 lieues
environ, sa largeur de 100 mètres et sa profondeur de 8 mètres. Il est alimenté par l'eau du Nil.

Mais le passage du Nil par la grande navigation présente de sérieuses
difficultés; deux moyens sont proposés par M. Talabot pour l'effectuer : la
traversée en rivière ou la traversée par un pont-canal. Ces deux moyens
offrent des inconvénients tellement graves que la Commission internationale
les a considérés comme rendant l'exécution du canal impossible.

L'alimentation ne peut avoir lieu à l'aide du canal de Joseph.

En outre, ce canal coupe les canaux, affecte très-gravement le système de
canalisation et d'irrigation de l'Égypte, et débouche dans le port d'Alexandrie, au milieu des rochers et d'un banc sous-marin de sables mobiles.

Difficultés d'exécution, difficultés d'entretien, difficultés d'alimentation,
conditions locales fâcheuses, exploitation onéreuse, parcours considérable,
toutes les considérations se réunissent pour rendre le canal impossible dans
cette direction. Tel a été l'avis de la Commission internationale.

Applaudissons cependant aux études de M. Talabot qui ont fait connaître
l'égalité de niveau de la Méditerranée et de la mer Rouge, et fait sortir la
question du percement de l'isthme de la phase obscure où l'avaient laissée
les travaux de M. Lepère.

PROJET DE MM. BARRAULT (1856)

Le 1ᵉʳ janvier 1856, MM. Alexis et Émile Barrault proposaient, dans la *Revue des Deux-Mondes*, un nouveau projet pour le canal des deux mers.

Leur tracé (*Pl.* 1) suit, de Suez aux lacs Menzaleh, le tracé adopté aujourd'hui; puis, se dirigeant vers le N.-O., il côtoie la mer pendant plus de 40 lieues et vient déboucher dans le port neuf d'Alexandrie. Le passage du Nil n'a plus lieu en un seul point, mais à l'embouchure des deux branches de Damiette et de Rosette. La difficulté est déplacée, mais le problème n'est pas résolu.

Ainsi donc : trois biefs, un de Suez à la branche de Damiette, un second de Damiette à Rosette, et le troisième de Rosette à Alexandrie. L'eau du Nil doit alimenter le canal au moyen d'un canal spécial allant de Bubaste au lac Timsah, et au moyen de prises faites sur les deux branches traversées.

Au travail gigantesque proposé par M. Talabot, MM. Barrault ont substitué une série de travaux sur les divers canaux rencontrés, qui, pour être moins importants, ne laissent pas que d'être très-multipliés et très-coûteux.

La Commission internationale, qui a examiné ce projet comme le précédent, lui a reconnu de nombreux défauts : le plan d'eau du canal étant élevé de 1 mètre au-dessus de la Méditerranée, l'écoulement des eaux qui ont dissout les efflorescences salines et rendu le terrain propre à la culture ne peut avoir lieu. Le régime du fleuve s'oppose aux retenues artificielles projetées, et l'exécution du canal dans les terrains spongieux qui sont à la base du Delta doit offrir de graves difficultés.

Enfin ce canal, en raison même de son alimentation par les eaux du Nil, présente les inconvénients nombreux que nous avons indiqués précédemment. «En admettant qu'on puisse réussir à l'achever, disent les membres de la Commission internationale, il ne pourra pas se conserver, parce qu'il portera en lui-même le germe de sa propre ruine, aussi bien que de celle d'une partie de la Basse-Égypte. »

Les divers tracés indirects que nous venons de passer en revue ont tous un inconvénient majeur, celui de leur longueur, et il est permis de douter que, l'un ou l'autre de ces canaux étant établi et le système hydraulique de l'Égypte parfaitement conservé, les grands navires consentent à affronter les difficultés d'un parcours long, gêné et sans doute peu économique.

L'incertitude disparaît, au contraire, dès qu'il s'agit du tracé direct.

AVANT-PROJET DE MM. LINANT-BEY ET MOUGEL-BEY (20 MARS 1855), ET PROJET DE LA COMMISSION INTERNATIONALE (DÉCEMBRE 1856)

« Ce fut dans un voyage fait avec le prince d'Alexandrie au Caire, à travers le désert Libyque, dit M. F. de Lesseps, qu'il fut pour la première fois question entre nous du percement de l'isthme de Suez. Le vice-roi était pénétré des résultats grandioses de l'entreprise; il me demanda un mémoire à ce sujet. »

Ce mémoire, daté du camp de Maréa (désert Libyque), était adressé à S. A. Mohammed Saïd-Pacha le 15 novembre 1854.

Le firman de concession, remis par le vice-roi « à son dévoué ami, de haute naissance et de rang élevé, M. F. de Lesseps », venait bientôt après, le 30 novembre 1854.

Le 15 janvier 1855, MM. Linant-Bey et Mougel-Bey, ingénieurs du vice-roi, recevaient de M. de Lesseps des instructions pour l'avant-projet du canal maritime de la mer Rouge à la Méditerranée et du canal d'alimentation dérivé du Nil. Cet avant-projet était terminé le 20 mars.

Nous allons en indiquer les principales dispositions, et nous ferons connaître en même temps les modifications que les membres de la Commission internationale ont cru devoir y apporter.

Le tracé proposé par MM. Linant-Bey et Mougel-Bey (*Pl.* 1) part de Suez, traverse la plaine, coupe le seuil de Chalouf, pénètre dans les lacs Amers, et après avoir franchi le Serapeum, s'engage dans le lac Timsah. Au delà du lac, il coupe le seuil d'El-Guisr et celui d'El-Ferdane, traverse les lacs Ballah, puis les lacs Menzaleh, et arrive à la mer dans le fond du golfe de Péluse.

Cette dernière partie du tracé a été modifiée par les membres de la Commission internationale, qui ont reporté à 28 k. 1/2 vers l'ouest l'embouchure du canal. Cette nouvelle disposition a été motivée par la rencontre en ce point, à une distance de 2,300 mètres à 3,000 mètres de la plage, des fonds de 8 à 10 mètres qu'on ne trouvait dans la baie de Tineh qu'à 7,500 mètres du rivage. Elle a encore cet avantage d'offrir un appareillage beaucoup plus facile par tous les vents du large.

La longueur du tracé n'est plus de 400 kilomètres ou à peu près, comme celle des tracés indirects, mais seulement de 147 kilomètres, suivant le projet de MM. Linant-Bey et Mougel-Bey, et de 160 kilomètres (soit 40 lieues), d'après la modification que nous venons d'indiquer. Sa longueur est, en résumé, plus de moitié moindre que celle des anciens tracés.

Tel est, dans son ensemble, le canal projeté par les ingénieurs du vice-roi. L'examen que nous avons fait des divers tracés indirects qui l'ont précédé, fait ressortir nettement tous ses avantages. Il satisfait mieux qu'aucun d'eux par son tracé, par la brièveté de son parcours, aux conditions que lui impose le commerce du monde. Il ne trouble pas le système de canalisation et d'irrigation de l'Égypte, et lui permet de prendre part, au moyen du canal d'eau douce, au mouvement important qui doit s'opérer entre les deux mers. C'est un large bosphore ouvert à toutes les nations, et qui répond complétement au but élevé qu'on devait se proposer d'atteindre.

LA COMMISSION INTERNATIONALE

Nous avons déjà parlé plusieurs fois de la Commission internationale; nous ne pouvons aller plus loin sans faire connaître les hommes dont elle se composait et le but dans lequel elle était réunie.

A l'époque où l'Angleterre, disons mieux, où lord Palmerston, fort de l'opinion de Stephenson, montrait une si vive opposition au projet du canal, il convenait de lui opposer le jugement des premiers ingénieurs de l'Europe. C'est alors que M. de Lesseps constitua ce tribunal scientifique suprême, appelé à décider en dernier ressort qui avait raison, des ingénieurs du vice-roi déclarant « possible et lucratif » le percement de l'isthme de Suez, ou de lord Palmerston qui soutenait le contraire.

Voici la composition de cette Commission : MM. Rendel, Ch. Manby, Mac-Clean, le capitaine Harris, pour l'Angleterre ; M. Negrelli, pour l'Autriche ; M. Lentzé, pour la Prusse ; M. Conrad, pour les Pays-Bas ; M. Paléocapa, pour l'Italie ; M. Montesinos, pour l'Espagne ; MM. Renaud,

Lieussou, le vice-amiral Rigault de Genouilly et le contre-amiral Jaurès, pour la France.

Il fut décidé, dès les premières séances, que cinq des membres de la Commission partiraient pour l'Égypte et iraient étudier sur les lieux les conditions dans lesquelles on pourrait opérer le percement de l'isthme. MM. Conrad, Negrelli, Mac-Clean, Renaud et Lieussou, auxquels s'adjoignirent MM. Linant-Bey, Mougel-Bey, F. de Lesseps et Barthélemy Saint-Hilaire, partirent le 8 novembre 1855 et arrivèrent à Alexandrie le 18. S. A. Mohammed-Saïd recevait, le 23, au camp fortifié du Saïdieh, près du Caire, « ces têtes couronnées de la science », ainsi qu'il les nommait lui-même, et mettait à leur disposition ses bateaux à vapeur, ses chemins de fer et ses serviteurs. On rapporte qu'il dépensa 300,000 francs de sa cassette pour cette expédition.

La Commission passa cinq jours à Suez, étudia la rade, consulta les pilotes, visita les carrières, puis commença ses explorations dans le désert, examinant les restes de l'ancien canal des Pharaons et la nature des terrains rencontrés par les sondages. A Péluse, elle fit exécuter par M. Laroussc, sous la direction de M. Lieussou, des opérations importantes, dont nous examinerons plus loin les résultats.

Le 1ᵉʳ janvier 1856, sa mission était terminée : elle remettait son rapport au vice-roi et « affirmait que l'entreprise était exécutable ».

L'Académie des sciences, à deux reprises différentes, « a déclaré les mémoires présentés dignes de son approbation, et satisfaisantes les explications scientifiques et techniques données par la Commission internationale pour répondre aux objections faites contre le canal maritime ».

Tous les suffrages sont acquis à ces études, et le doute n'est plus permis sur les résultats qu'elles doivent avoir.

Indiquons sommairement la constitution géologique de l'isthme.

CONSTITUTION GÉOLOGIQUE DE L'ISTHME

Le mémoire de M. Lepère contient peu de renseignements sur la nature des terrains qu'on rencontre dans l'isthme. Cet ingénieur ne fit faire que deux sondages, et encore ces sondages sont-ils placés dans le lit de l'ancien canal.

La Commission internationale en a fait exécuter dix-neuf, tant dans la rade de Suez que dans les seuils que coupe le tracé et dans les lacs qu'il traverse.

Les terrains de l'isthme appartiennent à la formation tertiaire.

On trouve dans la rade de Suez du sable, tantôt ocreux, vaseux ou argileux, tantôt mélangé de petit gravier et à différents états d'agglutination. La plaine de Suez est formée de sable et de galet paraissant provenir de dépôts opérés par les grandes marées. Au-dessous, on rencontre une épaisse couche d'argile plus ou moins sableuse, plus ou moins compacte.

Au delà de Chalouf, la plaine descend insensiblement dans le petit lac Amer, dont le fond est formé de sable mou, imprégné de sel et de sulfate de chaux. On rencontre des coquilles; la végétation apparaît. Dans le grand lac, le sel marin et le sulfate de chaux se découvrent en plus grande quantité. On attribue la formation de ces dépôts de sel aux eaux de source.

Depuis le seuil du Serapeum jusqu'à la Méditerranée, on ne rencontre plus guère que des sables. En un point, on a trouvé de la marne.

Au-dessous du limon du lac Timsah, on rencontre des coquilles d'espèces qui vivent dans la mer Rouge, et non dans la Méditerranée, ce qui porte à croire que la première de ces deux mers y est venue autrefois.

Le seuil d'El-Guisr, qui s'élève de 15 mètres au-dessus des basses eaux de la Méditerranée, consiste en un grand dépôt de sable, protégé par une couche de petit gravier et par quelques plantes de l'action des vents.

Du seuil d'El-Guisr jusqu'à Péluse, le terrain ne présente plus que de grandes ondulations. Le gravier a disparu.

On arrive enfin aux lacs Menzaleh, dans lesquels les sondages ont donné du sable mélangé à de la vase, à de l'argile en différentes proportions, et un peu de limon du Nil.

En résumé, on ne trouve dans toute l'étendue du canal que deux espèces de terrains principales : de l'argile entre Suez et les lacs Amers, du sable des lacs Amers à la Méditerranée.

NATURE DU CANAL

Après avoir arrêté le tracé du canal, il fallait déterminer son mode d'alimentation. Deux moyens s'offraient aux ingénieurs pour y pourvoir : les eaux du Nil et celles de la mer. Dans le premier cas, on avait un canal à point de partage qui, en raison même du profil longitudinal de l'isthme, s'abaissant du centre vers les deux mers, présentait une solution de la question à la fois facile et économique. MM. Linant-Bey et Mougel-Bey ont préféré se servir des eaux de la mer, l'emploi des eaux du Nil présentant de graves inconvénients.

Deux combinaisons étaient encore possibles : on pouvait établir des écluses aux deux extrémités du canal ou laisser celui-ci complétement ouvert aux navires se présentant dans les deux directions.

MM. Linant-Bey et Mougel-Bey ont proposé l'établissement de deux écluses de 100 mètres de long à chaque extrémité du canal. La Commission internationale n'a pas cru devoir adopter cette disposition.

En somme, il convient d'examiner si, le canal restant librement ouvert, on doit craindre pour sa conservation, si les berges doivent céder à l'action du courant qui s'établira du sud au nord.

Or, il existe un moyen d'annuler l'action de ce courant. La nature elle-même vient l'offrir. Il consiste dans l'immense bassin des lacs Amers, présentant une surface de 330 millions de mètres carrés, qui s'ébranlera à peine à l'arrivée des hautes eaux. La faible distance qui sépare ces lacs de Suez suspendra tout mouvement dans la partie du canal située au delà.

Des objections ont été faites à ce système. L'action des vents, dit-on, est à craindre dans cet immense bassin; l'interruption des berges doit empêcher le halage dans toute sa traversée.

La Commission internationale a examiné ces objections, et, tout en les prenant en considération, elle ne les a pas trouvées, cependant, suffisamment fondées pour motiver un retour au système des écluses qu'elle avait tout d'abord rejeté. L'exemple de l'étang de Thau, en France, sur lequel les barques du canal du Languedoc, véritables pontons, circulent facilement, malgré une profondeur d'eau considérable et malgré des vents violents, doit lever toute inquiétude. La Commission s'est donc arrêtée aux dispositions suivantes : le canal aura 100 mètres de largeur à la ligne d'eau entre Suez et les lacs Amers, et l'on fera des revêtements en pierre dans les parties où les sables et les argiles ne seront pas suffisamment compacts pour résister à l'action des eaux. Le tracé sera, d'ailleurs, dirigé au travers des lacs, de manière à permettre plus tard, si elle est reconnue nécessaire, l'exécution d'une digue, isolant le canal du reste de la masse d'eau.

La Compagnie de l'Isthme s'est préoccupée, après la Commission internationale, de cette grave question du passage des lacs. Des marins et des ingénieurs ont encore été consultés, mais ne se sont pas prononcés d'une manière positive. Elle a définitivement résolu d'aborder le grand fond du lac, sauf à le contourner plus tard, si la nécessité en est démontrée, ce qui, d'ailleurs, n'entraînera qu'une dépense peu importante.

DIMENSIONS DU CANAL

MM. Linant-Bey et Mougel-Bey avaient proposé 100 mètres de largeur pour le canal à la ligne d'eau et 65 mètres dans les parties où la hauteur du terrain atteint 6 mètres. La Commission a été d'avis qu'une largeur de 80 mètres suffirait, pendant longtemps, au mouvement entre les deux mers. Elle a cependant conservé 100 mètres de largeur à la partie comprise entre la mer Rouge et les lacs Amers. Cette modification a donné lieu à une économie de 20 millions de francs.

La profondeur du canal sera uniformément de 8 mètres au-dessous du niveau moyen des deux mers.

Les talus seront inclinés à 2 mètres de base sur 1 mètre de hauteur. A 1 mètre au-dessous de la ligne d'eau, on ménagera sur chaque talus une banquette de 2 mètres de large, recouverte d'un enrochement destiné à préserver les berges contre le clapotis des vagues.

Ces dispositions ont été modifiées en certains points et d'une manière

Profil en travers du canal maritime à la traversée des lacs Menzaleh.

très-avantageuse, par la Compagnie. Nous reproduisons ci-contre deux des profils en travers qui ont été adoptés.

Entre Port-Saïd et les lacs Amers, trois types sont appliqués : le premier à la traversée des lacs Menzaleh, le terrain étant à moins de 2 mètres au-dessus et à moins de 1^{m}75 au-dessous du niveau moyen de la Méditerranée. La largeur à la ligne d'eau est de 100 mètres. Les talus de la cuvette sont ceux que prennent naturellement les terrains traversés. A 1ᵐ 25 en contre-bas du niveau de l'eau, une large banquette permettra aux vagues de se développer sans porter atteinte aux berges du canal.

La largeur au plafond est de 22 mètres, la profondeur de 8 mètres. Ces deux quantités sont constantes dans tous les types.

Lorsque le canal traverse des terrains plus élevés, une simple banquette de 2 mètres est ménagée en contrebas de l'eau. Au passage des seuils, une seconde banquette de 3 mètres de largeur est établie à 3 mètres au-dessus du niveau de l'eau. Dans les deux cas, les talus sont inclinés à 2 de base pour 1 de hauteur et la largeur au plan d'eau est de 58 mètres.

A la traversée des lacs, les talus de la cuvette sont inclinés à 3 pour 1.

Deux types sont appliqués entre les lacs Amers et Suez : un au passage du seuil de Chalouf, semblable à celui que nous avons décrit plus haut et qui est

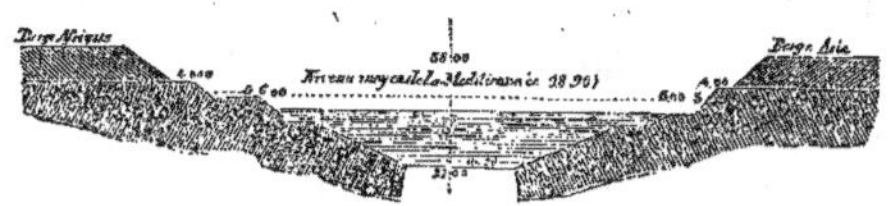

Profil en travers du canal maritime à la traversée des seuils.

appliqué à la traversée des seuils ; un autre, dans la plaine de Suez : les talus de la cuvette sont ceux que prennent naturellement les terres rencontrées ; une large banquette, réservée un peu au-dessous du niveau moyen de la mer Rouge, précède des talus réglés à 5 pour 1, et s'arrêtant au niveau de la haute mer. A cette hauteur, le canal présente une largeur de 112 mètres. Des talus à 1 pour 1 rejoignent la surface du sol.

Telles sont les dispositions adoptées en chaque point.

EMBOUCHURES DU CANAL DANS LES DEUX MERS. — PORT DE SUEZ

M. Talabot, considérant le peu d'intérêt des établissements maritimes de Suez, avait proposé de reporter à 5 kilomètres à l'ouest le débouché du canal et l'emplacement du nouveau port sur la mer Rouge.

MM. Linant-Bey et Mougel-Bey ont maintenu, dans leur avant-projet, le port actuel.

La Commission a constaté que la rade de Suez présente toutes les conditions imposées à l'entrée du canal : étendue, sûreté, tirant d'eau de 5 à 13 mètres, bon mouillage, passes profondes à l'entrée, assez larges pour le louvoyage. Le vent du N.-N.-O. y souffle à peu près d'une manière permanente, mais il n'est jamais dangereux. Les courants dans la baie sont faibles. L'enceinte de la rade est formée par des dépôts de sable et de vase, dont les mouvements sont insensibles.

Il aurait été à souhaiter assurément que les jetées ne fussent pas construites et que l'entrée du canal fût raccordée avec le mouillage au moyen d'un simple chenal. Mais la Commission n'a pas cru devoir adopter ces dispositions, le maintien du chenal dans de telles conditions lui paraissant devoir être sinon impossible, du moins très-dispendieux.

Voici, en résumé, le système auquel elle s'est arrêtée et qui lui a semblé présenter les plus grands avantages. Le chenal sera endigué par des enrochements jusqu'aux fonds de 6 mètres et raccordé ensuite au moyen d'une vaste excavation de 500 mètres de large avec la partie de la rade qui offre naturellement des fonds de 8 à 9 mètres d'eau. Cette solution est de tous points satisfaisante : en effet, la longueur limitée donnée aux jetées ne divise pas la rade et on n'a plus à redouter de modifications dans la direction ni dans la profondeur du chenal, qui se trouve garanti par les jetées partout où les mouvements du fond auraient pu se produire.

Les dimensions arrêtées pour les jetées de Suez sont les suivantes : 1,800 mètres de longueur pour celle de l'ouest et 2,000 mètres pour celle de l'est. Leur direction commune est N. 30°. E. et S. 30°. O, de manière à permettre l'entrée et la sortie des bâtiments à voiles par les vents dominants qui soufflent du S.-E. et du N.-E. La largeur du chenal sera de 300 mètres entre les jetées et de 500 mètres au delà.

Afin de suffire au mouvement considérable de navires qui se produira dans le port de Suez, la Commission a proposé l'exécution d'un arrière-bassin garni de quais, que l'on étendra au fur et à mesure des besoins.

Quant aux matériaux nécessaires pour la construction des jetées et des quais de Suez, on les trouvera dans les carrières de l'Attaka, montagne située à l'ouest et non loin de Suez (*Pl.* 1) et dans celles de M'Salem, à l'est, sur la côte d'Asie.

PORT—SAÏD

On connaît les craintes des ingénieurs de tous les temps sur la nature et la tenue du fond dans la baie de Péluse. Les études de la Commission se sont portées d'une manière spéciale sur ce point du littoral, où MM. Linant-Bey et Mougel-Bey proposaient de placer l'entrée du canal.

Le golfe de Péluse (*Pl.* 1), compris entre la pointe de Damiette et le cap Casius, mesure 75 milles d'ouverture sur 14 de profondeur. Une partie un peu convexe divise le golfe en deux baies secondaires : celle de Péluse proprement dite ou de Tineh à l'est, celle de Dibeh à l'ouest.

Le rivage entre Damiette et Péluse est formé par un cordon littoral ou *lido* de 100 à 150 mètres de large, que la mer franchit seulement dans les gros temps et qui la sépare des lacs Menzaleh. Ce lido est interrompu de distance en distance par des ouvertures ou boghaz, où règnent des courants alternatifs produits par les différences de niveau de la mer et des lacs.

Les observations faites sur ce lido, aussi bien que les témoignages historiques, démontrent que le rivage de Péluse n'a pas sensiblement varié depuis vingt siècles : les atterrissements et les érosions entre Damiette et le cap Casius sont dus à des causes locales dont les résultats sont sans importance. Les vents d'O.-N.-O. soufflent pendant les deux tiers de l'année et dominent principalement en hiver. Des brises alternatives soufflent régulièrement du nord pendant le jour et du sud pendant la nuit, et faciliteront plus tard les mouvements d'entrée et de sortie du canal. Quant aux courants, ils sont dans le golfe de Péluse sans intensité. Le courant général de la Méditerranée, dirigé le long des côtes de l'ouest à l'est, n'atteint pas le golfe d'Alexandrie; il est repoussé vers le large par les eaux du Nil et par la saillie que forment les alluvions du fleuve à son embouchure.

Il résulte de la forme de la côte dans le golfe que les fonds les moins profonds se trouvent dans la baie de Tineh, et que la ligne de plus grande pente existe sur cette partie convexe qui sépare les baies de Tineh et de Dibeh. C'est en ce point que la Commission internationale a proposé de placer l'origine du canal et le port de Saïd, en souvenir de l'ancienne ville de Saïs et en l'honneur du souverain qui a fait revivre la question du canal laissée si longtemps dans l'oubli par ses prédécesseurs.

En ce point du rivage, on ne voit pas tracé de vase. Il n'y a que du sable d'une pureté et d'une finesse parfaites jusqu'aux fonds de 8 à 9 mètres, au delà de la vase pure qui s'étend dans les grands fonds de la Méditerranée; et si sur le rivage on en rencontre quelquefois, c'est par taches qui n'ont pas plus de 0^m 25 à 0^m 40 d'épaisseur et de 10 à 15 mètres de diamètre, dépôts d'origine récente, de formation accidentelle et que le premier coup de vent du nord entraîne et fait disparaître.

Le rôle du Nil consiste dans l'apport d'une très-grande quantité de vase mélangée à une très-faible proportion de sable. La vase est délayée par le mouvement du flot et ne se dépose que dans les parties où elle trouve le calme, c'est-à-dire dans les grands fonds de la mer et dans le lac Menzaleh. Le sable reste dans les petits fonds, cheminant de proche en proche. Il a formé dans le golfe de Péluse une zone de 2 à 3 kilomètres de largeur, sur 4 à 5 mètres d'épaisseur moyenne, une plage exiguë et quelques dunes, et a mis à accomplir ce travail le temps qui nous sépare des dernières transformations géologiques. Quant aux transports actuels du Nil, ils ont pour résultat de prolonger en mer de 3 à 4 mètres par année la saillie formée à son embouchure, mais ils sont sans effet sensible au delà.

Ainsi donc, il n'y a rien à craindre pour l'établissement d'un port sur cette côte, et le point le meilleur est certainement celui qui a été adopté. A la vérité, le tracé proposé par MM. Linant-Bey et Mougel-Bey, et qui faisait arriver le canal dans la baie de Tineh, avait l'avantage d'être plus court de 7 kilomètres environ; mais la nouvelle direction permet de réaliser une économie de près de moitié sur le montant des travaux à effectuer en ce point. Par cette raison encore, la solution adoptée est préférable.

Les auteurs de l'avant-projet avaient indiqué la construction d'un môle d'abri en avant des jetées. La Commission internationale n'a pas été d'avis d'en établir; elle a jugé que l'exécution d'un semblable travail serait un obstacle à l'allongement ultérieur des jetées, s'il était plus tard reconnu nécessaire, et qu'il pourrait déterminer la formation de dépôts à la faveur du calme qui s'établirait à l'entrée du chenal. Les deux jetées, conduites parallèlement jusqu'aux profondeurs voulues, devront s'ouvrir librement; leur écartement étant porté de 100 à 400 mètres, de manière à laisser aux navires toute facilité pour se mouvoir; celle de l'ouest aura 3,500 mètres de long et atteindra les fonds de 10 mètres. Celle de l'est, arrêtée aux fonds de 8^m 50, aurait 2,500 mètres de long, leur direction commune étant du S.-O. 1/4 S. au N.-E. 1/4 N.

La Commission internationale a proposé d'utiliser les carrières des îles de Chypre, de Rhodes, de Scarpantaro ou même du littoral de l'Asie, et de préférence les carrières du pays.

L'un des ingénieurs les plus compétents de notre époque en fait de travaux maritimes, M. Pascal, ingénieur des ports de Marseille, a été d'avis d'apporter à ces dispositions quelques changements : les enracinements des jetées sont distants de 1,400 mètres. En s'avançant au large, celles-ci se rapprochent l'une de l'autre, de sorte que le musoir de la jetée Est n'est plus qu'à 700 mètres de la jetée Ouest. Cette dernière doit avoir 3,100 mètres de longueur, et la jetée Est 1,600 mètres seulement.

Nous verrons bientôt qu'aux blocs naturels on a substitué des blocs artificiels semblables à ceux qui ont été employés récemment pour la construction de jetées importantes dans différents ports.

PORT INTÉRIEUR DE TIMSAH

Le lac Timsah, qui ne recevait les eaux du Nil qu'au moment des crues de ce fleuve, deviendra un immense bassin (sa superficie est de 2,000 hectares), où se réuniront les navires de l'Orient et de l'Occident, et les bateaux moins importants qui transporteront au centre de l'Égypte, par le canal d'eau douce, les marchandises des deux provenances.

Les bâtiments pourront y renouveler leurs provisions de tout genre : vivres, eau, charbon, et subir, dans les bassins qui seront établis, les réparations devenues nécessaires par leurs longues traversées. Un bassin de radoub de 120 mètres de long sur 25 mètres de large au minimum suffira dès le début. Il sera rempli et vidé facilement, en raison du niveau plus élevé du canal d'eau douce.

CANAL D'EAU DOUCE

Une des conditions indispensables de l'exécution du canal maritime était l'établissement du canal d'eau douce, qui devait être utilisé pour l'alimentation des ouvriers et comme moyen de transport pour les approvisionnements de toute sorte. Ce canal était encore destiné à relier le commerce de l'Égypte au commerce du monde. Il présentait donc, non-seulement un intérêt momentané, mais un intérêt appelé à s'accroître chaque jour en raison de l'importance des relations existantes et à naître.

Ses eaux devaient servir à l'agriculture en même temps qu'aux transports, et permettre l'irrigation de 100,000 feddans (40,000 hectares) pendant l'hiver et de 60,000 feddans (24,000 hectares) pendant l'été.

C'est pour répondre à ce double but qu'il a été établi. Son tracé part de Kasr-el-Nil, un peu au-dessus de Boulack, où se trouve la prise d'eau, à l'embouchure du Kalidj-Zafranieh. Il suit le Kalidj, jusqu'au point où il se confond avec le Kalidj-Manieh, l'ancien canal de Trajan et d'Amrou. Il abandonne le Kalidj à la hauteur d'Abouzabel, et s'avance au nord-est jusqu'à Ras-el-Ouady, où l'on trouve encore des restes d'anciens canaux. Il pénètre alors dans l'Ouady-Toumilat. Avant de déverser ses eaux dans le lac Timsah, le canal donne naissance à un canal dirigé vers Suez et à une conduite d'eau sur Port-Saïd. Telles sont les dispositions proposées par MM. Linant-Bey et Mougel-Bey.

Un autre tracé, beaucoup plus simple, part de Zagazig et se dirige vers le lac Timsah. La Commission internationale aurait donné la préférence à ce dernier, si elle n'en avait été détournée par des considérations majeures.

L'intérêt du Caire enfin, qui compte aujourd'hui 300,000 âmes, a déterminé la Commission internationale à adopter le tracé de MM. Linant-Bey et Mougel-Bey.

Les dimensions transversales de ce canal sont indiquées au profil ci-

Section transversale du canal d'eau douce.

dessus. La largeur au plafond est de 13 mètres; la hauteur est de 2^m 50 au moment des hautes eaux, et de 2 mètres en temps d'étiage moyen. Les talus sont inclinés à 3 p. 1 sous l'eau, à 2 p. 1 au-dessus de l'eau, et sont séparés l'un de l'autre par une banquette de 0^m 60. La largeur à la ligne d'eau est, par suite, de 25 mètres.

ÉCLAIRAGE DES EMBOUCHURES DU CANAL. — BACS. — TÉLÉGRAPHE ÉLECTRIQUE

Les membres de la Commission ont indiqué les établissements accessoires dont la création deviendrait nécessaire au moment de l'ouverture de la nouvelle voie.

Ils ont proposé l'érection de phares, de balises et de signaux dans la mer Rouge et sur les côtes de la Méditerranée, de manière à rendre parfaitement sûrs les mouvements des navires aux abords des embouchures du canal.

Ils ont proposé l'établissement de quatre bacs pour sa traversée en différents points, et enfin l'installation d'un télégraphe électrique sur ses rives.

Enfin, ils ont approuvé l'estimation des dépenses d'exécution du canal qui avait été faite par M. Mougel-Bey.

ESTIMATION DE LA DÉPENSE

L'estimation de la dépense se résume de la manière suivante .

1° Canal des deux mers.	85,368,838 fr.
2° Canal de l'Ouady.	9,000,000
3° Port de Saïd	21,059,075
4° Port de Timsah	1,589,120
5° Port de Suez.	8,649,562
6° Travaux divers (phares, matériel, magasins, etc.).	2,335,000
Total des travaux de construction des canaux. .	128,001,595 fr.
7° Travaux accessoires (fixation des dunes, mise en culture, télégraphe, touage, bassin de radoub, etc.)	15,850,000
Total de la dépense prévue.	143,851,595 fr.

Pour avoir la dépense réelle, il faut ajouter :

1° Les frais d'administration : 2 1/2 p. 100 du capital.	3,578,164
2° Une somme à valoir pour omissions et accidents, estimée à environ 10 p. 100 de la dépense prévue.	14,570,241
Total général de la dépense des travaux. .	162,000,000 fr.

Report.	162,000,000 fr.

En ajoutant : 1° pour servir pendant l'exécution les intérêts à 5 p. 100 du capital versé ; 2° pour former ultérieurement des établissements accessoires destinés à augmenter les bénéfices de la Compagnie.   38,000,000

On obtient le chiffre du capital social. . .   200,000,000 fr.

« C'est un travail de quelques années et sans obstacles sérieux du côté de la nature », dit la Commission internationale en terminant son rapport.

Il n'est personne aujourd'hui qui, ayant visité l'isthme, ne partage cette conviction. D'un bout à l'autre du canal, il n'est pas de place où la pioche et la drague n'aient pénétré. On sait la manière dont les sables, le gravier ou l'argile du désert, coupés à certaines inclinaisons, se comportent au contact de l'eau et au passage des embarcations. Tous les travaux sont attaqués, leur avancement suit une marche régulière. Nous allons raconter les vicissitudes qu'ils ont subies à leur origine. Nous verrons ensuite les modes d'exécution définitivement arrêtés et suivis.

PÉRIODE D'EXÉCUTION (1859-1869)

Installer au milieu d'un désert des armées d'ouvriers assez considérables pour déblayer en un temps relativement restreint plus de 70 millions de mètres cubes, leur procurer le matériel de leurs travaux, les établissements et les vivres nécessaires à leur existence, les soins que pourra réclamer leur santé, leur bâtir les chapelles et les mosquées que réclame l'exercice de leurs devoirs religieux : tel était le problème complexe qu'avaient à résoudre les ingénieurs chargés du percement de l'isthme.

Cette installation a été double en quelque sorte, car c'est alors que les travaux exécutés par les fellahs avaient pris une marche normale, que le retrait des contingents a forcé la Compagnie de changer son mode d'exécution et de remplacer les bras par les machines. Nouveaux essais, nouvelle organisation, nouveaux atermoiements.

L'exécution du canal se divise donc tout naturellement en deux périodes bien distinctes : l'une, que nous nommerons la *période des épreuves*, et qui comprend, indépendamment de l'installation des chantiers et de la mise en train des travaux, l'exécution des déblais à bras d'hommes ; la seconde, que nous appellerons la *période active*, par opposition à la première, et qui comprend l'exécution des déblais au moyen des machines.

PÉRIODE DES ÉPREUVES (1859-1864)

C'est le 25 avril 1859 que le premier coup de pioche était donné dans l'isthme. Cent cinquante hommes environ se trouvaient réunis sur la plage, à Port-Saïd.

« Au nom de la Compagnie universelle du canal maritime de Suez, dit M. de Lesseps, et en vertu des décisions de son Conseil d'administration, nous allons donner le premier coup de pioche sur le terrain qui ouvrira l'accès de l'Orient au commerce et à la civilisation de l'Occident. »

Les ingénieurs s'installent et prennent possession des carrières. M. Mougel-Bey prend la direction des travaux. Mais déjà le gouvernement de l'Angleterre ému met des entraves à l'entreprise. Ses émissaires s'opposent au transport des bagages, bâtonnent les fellahs qui s'enrôlent et arrêtent les convois d'eau. Il faut toute l'énergie du vice-roi pour suspendre ces attaques.

Les arsenaux d'Alexandrie et du Caire fournissent aux ingénieurs leur premier matériel ; des escortes, des transports leur sont dnnoés, les premières commandes aux usines sont faites au nom du vice-roi et payées par lui. On exécute les diverses opérations de tracé et de levé sur le terrain. Deux mille ouvriers sont à ce moment employés dans l'isthme.

A la fin de 1859, des dragues fonctionnent, M. Mougel-Bey imagine la toile sans fin qui transporte le produit des fouilles sur les rives du canal.

Dans le courant de cette même année, dix postes et chantiers sont établis. Port-Saïd prend naissance ; l'appontement du port s'avance à 300 mètres en mer et facilite le débarquement des machines et des matériaux. Un phare le termine et signale aux navires, à une distance de 25 milles, l'emplacement de la nouvelle cité. Des ateliers se montent, une scierie est construite. Une boulangerie, des machines distillatoires fournissent le pain et l'eau douce. Des baraquements sont construits pour les ouvriers, et, à côté, vingt maisons pour le personnel de la Compagnie. Sur un îlot, au milieu du lac Menzaleh, on monte une briqueterie. A El-Ferdane s'élèvent quatre maisons, puis un four à chaux et un puits. Un autre campement est à Bir-Abou-Ballah. A Tous-soum, on compte déjà trente-trois constructions, pour un hôpital, des ateliers, des magasins, des logements, etc. D'autres maisons se construisent au Serapeum, à Gebel-Geneffe et à Suez dans le voisinage des carrières.

Un an après, le 15 mai 1861, M. de Lesseps pouvait constater de nouveaux progrès : Port-Saïd est devenu une ville de 2,000 âmes. Des constructions, des ateliers et des magasins de toutes sortes s'y sont élevés. Ce nouveau port a reçu 135 bâtiments, jaugeant environ 29,000 tonneaux. Les carrières de Mex, près d'Alexandrie, fournissent les premiers blocs des jetées de Port-Saïd.

Un canal et des conduites en poterie amènent l'eau jusqu'aux seuils d'El-Guisr et d'El-Ferdane. Trois mille ouvriers travaillent à l'établissement du canal navigable provisoire qui, allant du lac Timsah à Zagazig, doit réunir les chantiers de l'isthme au Caire, à Alexandrie, aux différents lieux d'approvisionnement de l'Égypte. Huit mille ouvriers travaillent sur les chantiers ou dans les ateliers.

La plus grande activité règne sur le tracé du canal d'eau douce. La Compagnie achète le domaine de l'Ouady et le loue à dix mille Bédouins qui en entreprennent la culture. Le canal d'eau douce arrive enfin au lac Timsah, 1er mai 1862, et par une rigole de 4,000 mètres, les eaux sont conduites au seuil d'El-Guisr. M. Voisin succède à M. Mougel-Bey dans la direction des travaux. Le chiffre des contingents a triplé depuis un an : il est maintenant de 26,000 ouvriers.

Le seuil d'El-Guisr est enfin franchi et la tranchée inaugurée le 18 novembre 1862 : les eaux de la Méditerranée s'unissent à celles du Nil dans le lac Timsah, où elles arrivent par un chenal de 15 mètres de largeur et de 1^m 50 à 2 mètres de profondeur. A ce moment, la mort vient frapper Mohammed-Saïd. Ismaïl le remplace et souscrit à tous les engagements contractés par son prédécesseur. En janvier 1863, le canal d'eau douce s'avançant vers Suez est exécuté sur une longueur de 38 kilomètres. Port-Saïd se développe chaque jour : les jetées ont reçu 17,000 mètres cubes de blocs naturels, ses constructions occupent une surface de 80,724 mètres. Le nombre des travailleurs employés dans l'isthme est maintenant de 36,000.

Soudain, le gouvernement anglais se réveille, et, par l'organe de Nubar-Pacha, demande à la fois la suppression de la corvée, l'abandon du canal d'eau douce et la rétrocession des terres concédées à la Compagnie; en un mot,

la suspension de l'entreprise. Et que propose-t-il à l'appui de ces prétentions?
Rien.

L'Angleterre avait recours à la Turquie pour dissoudre l'œuvre du vice-
roi d'Égypte. La France tranchera le différend. L'Empereur veut bien se
charger de la suprême décision à rendre sur toutes ces questions.

Il reste à extraire : 23,700,000 mètres cubes de déblais à sec et 32 millions avec
la drague. Le prix du mètre cube va se trouver augmenté de 1 fr. 19 c., l'indemnité
résultant de la substitution du travail mécanique au travail manuel est fixée, pour les
terrassements, à . . . . 33,000,000 fr.
et, pour les travaux d'art, à . . . . . . : 5,000,000 } 38,000.000 fr.

La Compagnie conserve la jouissance exclusive du canal d'eau douce
jusqu'à l'entier achèvement du canal maritime. Le gouvernement
égyptien maintiendra l'alimentation du canal. Il exécutera tous les
travaux de la partie qui lui a été déjà rétrocédée, et la Compagnie
achèvera le canal de l'Ouady jusqu'à Suez. L'entretien sera fait par
la Compagnie aux frais du gouvernement égyptien. Elle prélèvera
sur le débit du canal 70,000 mètres cubes d'eau par jour, pour l'alimentation des populations, le fonctionnement des machines, l'arrosage
et l'irrigation de ses cultures, et pour l'approvisionnement des navires
traversant l'isthme.

La sentence fixe alors le montant de l'indemnité à payer à la
Compagnie.

Les travaux exécutés sont évalués à. . . . . . 7,500,000 fr.
Les travaux à exécuter à 2,500,000
La compensation des droits de navigation et
autres redevances dont la Compagnie est privée, à. 6,000,000 } 16,000,000

10,264 hectares de terrain sont laissés à la Compagnie pour l'établissement, l'exploitation et la conservation du canal maritime, et
9,600 hectares pour le canal d'eau douce.

60,000 hectares à 500 francs sont rétrocédés au gouvernement
égyptien, soit 30,000,000

Indemnité totale. . . . . . 84,000,000 fr.

Tel était le résultat de la mission de Nubar Pacha. L'Angleterre devait
être satisfaite!

PÉRIODE ACTIVE (1864-1869)

Les fellahs sont partis, les chantiers sont déserts ; là où régnait la vie règne maintenant la solitude. Mais l'œuvre ne périra pas.

Un appel est fait aux entrepreneurs. L'exécution des travaux dans l'isthme est assurée par la conclusion de plusieurs marchés :

MM. Dussaud frères sont chargés de la construction des jetées de Port-Saïd. Le montant de cette entreprise est de 10 millions.

MM. Borel, Lavalley et C° ont : 1° l'exécution du premier lot de dragage qui comporte l'extraction de 21,700,000 mètres cubes de déblais sur 60 kilomètres et demi ; 2° les dragages à la traversée du seuil d'El-Guisr jusqu'au lac Timsah ; 3° les terrassements et les dragages entre le seuil d'El-Guisr et la mer Rouge.

M. Couvreux doit déblayer dans la tranchée du seuil d'El-Guisr : 4 millions de mètres cubes à sec et 200,000 mètres cubes sous l'eau.

D'autres entrepreneurs sont chargés de travaux moins importants.

Le 5 octobre 1855, M. de Lesseps fait connaître aux actionnaires assemblés la situation de l'opération.

A Port-Saïd on avait immergé 204 blocs de 4ᵐ 50 dès l'hiver précédent. A la fin d'août, 148 blocs de 10 mètres cubes étaient à la mer.

Ces monolithes ont 3ᵐ 40 de longueur, 2 mètres de largeur et 1ᵐ 50 de hauteur.— Ils sont formés du sable de la plage et de chaux du Theil dans la proportion de 325 kilogrammes de chaux en poudre sèche pour un mètre cube de sable. Avant d'être immergés, ils sont soumis à la dessiccation sur une vaste plate-forme qui peut en contenir 1,900 à la fois. — Le cube total des jetées sera de 250,000 mètres cubes environ.

Nous donnons ci-contre une vue du chantier de MM. Dussaud et de l'une des superbes grues à vapeur, employées au maniement des blocs.

Au 1ᵉʳ juillet 1855, on compte 2,037 navires, correspondant à un chiffre de 359,548 tonneaux, entrés à Port-Saïd depuis l'origine des travaux.

Le premier lot de dragages entre Port-Saïd et le seuil d'El-Guisr appartient à MM. Borel et Lavalley, qui ont succédé à M. Aiton et repris le matériel de la Compagnie. Ils s'occupent à le réparer, à le modifier et à l'augmenter. Les premières dragues remises en activité travaillent au creusement des chenaux dans le bassin de Port-Saïd.

Chantier Dussaud.

L'entreprise de M. Couvreux, au seuil d'El-Guisr, qui comportait primitivement l'extraction d'un cube total de 9 millions de mètres cubes tant à sec qu'à la drague, est limitée au percement des grandes hauteurs sur 9 kilomètres. — M. Couvreux emploie pour ce travail les excavateurs de son invention.

Voici la description succincte de ces appareils :

Un châssis horizontal de 6 mètres de longueur est supporté par neuf roues sur une voie à trois rails de 3 mètres de large, parallèle au talus de la tranchée à élargir. Les roues ont 1 mètre de diamètre. Sur le châssis se trouve une chaudière desservant deux machines motrices. L'une met en mouvement la chaîne à godets, l'autre sert à faire progresser l'appareil. L'élinde qui supporte la chaîne dragueuse est en porte-à-faux en dehors du châssis dans un plan perpendiculaire à l'axe de la voie. Elle est suspendue à son extrémité inférieure par une bigue.

La chaîne dragueuse porte 18 godets qui se déchargent en haut de l'appareil dans un couloir faisant saillie de 3 mètres sur le rail extérieur.

La machine est de la force de 15 chevaux et son rendement de 750 mètres cubes en dix heures dans les sables peu résistants.

Des wagons disposés sur des voies parallèles reçoivent le produit de ces excavateurs.

Ces appareils fonctionnaient en 1865 au nombre de 10, desservis par 10 locomotives, 400 wagons de terrassement et 30 kilomètres de voie.

A la traversée d'El-Ferdane, des chantiers de terrassements en régie sont établis sous la direction de M. Gioia, ingénieur de la division.

Entre le seuil d'El Guisr et la mer Rouge, on étudie les méthodes d'exécution, on installe les chantiers, on élève des constructions. Les entrepreneurs, MM. Borel, Lavalley et Cᵉ, se disposent à continuer l'attaque du seuil de Chalouf et l'enlèvement du banc de 25,000 mètres cubes de calcaire rencontré dans cette tranchée.

Le tracé primitif qui traversait les lagunes de Suez est modifié et reporté vers l'est par M. Larousse, ingénieur chef de la division, pour éviter les bancs de roche qu'on a rencontrés.

Un cube de 2 millions de mètres est déblayé entre le Caire et l'Ouady pour le creusement du canal d'eau douce qui doit être exécuté dans cette partie par le gouvernement égyptien. Un convoi de douze chalands, parti de Port-Saïd, a suivi le canal d'eau douce d'Ismaïlia à Suez et est entré dans la mer Rouge. En mer, sur le Nil, sur les canaux, circulent des bateaux qui transportent du matériel, des approvisionnements ou des marchandises. L'eau coule dans l'isthme et la vie vient avec elle.

L'entreprise de MM. Borel, Lavalley et C° accomplit, durant cette année, des progrès importants. Nous devons à la communication faite par M. Lavalley à la Société des Ingénieurs civils, les 7 et 21 septembre 1866, des renseignements intéressants sur les travaux du canal.

Les moyens employés par ces entrepreneurs varient avec la hauteur du terrain à déblayer, qu'ils divisent en trois parties :

1° Une partie de moyenne hauteur, où le terrain est à peu près au niveau de la mer, et qui comprend la traversée des marais de Port-Saïd au pied d'El-Ferdane, et la traversée de la plaine et des lagunes de Suez;

2° Une partie haute, comprenant les trois hauteurs d'El-Ferdane, du Serapeum et de Chalouf;

3° Une partie basse, qui comprend la traversée des grands fonds des lacs Timsah et Amers.

EXÉCUTION DE LA PARTIE DE MOYENNE HAUTEUR. — MARAIS DE PORT-SAÏD. LACS MENSALEH ET BALLAH. — PLAINE ET LAGUNES DE SUEZ

C'est au moyen de dragues que s'exécutent les travaux de Port-Saïd. Ces dragues versaient d'abord leurs produits dans des caisses que des grues enlevaient et vidaient dans des wagons de terrassement. Plus tard sont venus des dragues plus puissantes et des bateaux porteurs de vase. En 1866, 7 dragues et 15 porteurs, employés au creusement du bassin de Port-Saïd, ont exécuté 100,000 mètres cubes par mois.

Les dragues employées sont en fer, à une seule élinde, munies de godets qui mesurent 400 litres. La machine à vapeur est de 35 chevaux marins. Tous les mouvements se font à la vapeur. — Les porteurs peuvent transporter les uns 166, les autres 200 mètres cubes de déblais. Leur machine à vapeur est de 50 chevaux. Leur vitesse de 6 à 7 nœuds (12 à 13 kilomètres à l'heure).

Pour transporter les produits de la drague directement sur la berge, on allongea successivement les déversoirs mêmes des dragues, on y amena alternativement des déblais et de l'eau au moyen des godets. Ces couloirs furent allongés jusqu'à 18 mètres et permirent d'ouvrir des rigoles de 18 à 20 mètres de large.

La nécessité d'approfondir et d'élargir ces rigoles rendit bientôt ces moyens insuffisants. On eut recours à l'emploi de pompes pour amener l'eau sur les déblais à leur sortie des godets (1). On augmenta la stabilité des petites dragues de 14 à 18 chevaux dont on disposait, par l'addition à chaque bord d'un chaland en bois de 3 mètres de large et de 12 mètres de long. On employa des couloirs de forme demi-elliptique de 1^m 20 de large et de 20 à 22 mètres de longueur. Avec 16 dragues semblables, on fit un chenal neuf de 18 à 20 mètres de large et de 2 à 3 mètres de profondeur.

Les sables fins descendent facilement dans ces couloirs en pente de 0^m 04 à 0,05 par mètre avec une quantité d'eau à peu près égale à la moitié des déblais dragués. Pour les argiles, la pente doit être de 0^m 06 à 0^m 08 par mètre, mais on n'a pas besoin d'autant d'eau.

C'est après ces premiers travaux qu'on reconnut la nécessité de donner au plan d'eau, en certains points, une largeur de 100 mètres et de reporter les crêtes des cavaliers de dépôt à 120 mètres de distance l'une de l'autre. Il fallait allonger les couloirs jusqu'alors employés. On en porta la longueur à 70 mètres, et l'on construisit les superbes engins que nous avons représentés (Pages 120-121), les dragues à long couloir.

Ces dragues sont, comme les premières, à une seule élinde dont le pied dépasse l'avant de la coque. Les coques ont 33 mètres de long sur 8^m 26 de large. L'axe du tourteau est à 14^m 70 au-dessus de l'eau.

L'arbre de la machine à vapeur porte un tambour commandant successivement les deux pompes rotatives placées sur la drague.

Le couloir mesure 70 mètres à partir de l'axe de la drague. Sa section est celle d'une demi-ellipse de 0^m 60 de profondeur sur 1^m 50 de largeur. Deux poutres en treillis le supportent et prennent leur point d'appui sur le fond d'un chaland placé au tiers environ de leur longueur. L'ensemble de ces poutres peut exécuter des oscillations dans un plan vertical autour d'un essieu dirigé suivant la longueur du chaland et sur lequel elles reposent. Une forte charnière relie d'ailleurs le couloir à la drague.

La plus grande solidarité existe dans le sens horizontal et dans le sens vertical entre la drague et son chaland; elle est établie, d'une part, au moyen d'étais et de chaînes

---

(1) Il paraîtrait résulter d'une communication faite en novembre 1864, à la Société des ingénieurs civils de France, que l'idée d'employer l'eau élevée par des pompes pour produire l'écoulement des déblais serait due à M. Edmond Badois, ingénieur civil, qui a été attaché pendant un certain temps à l'exécution des travaux de creusement du canal.

parallèles et transversales, et, d'autre part, au moyen de charpentes en treillis fixés à la drague et qui s'appuient sur le chaland auquel elles sont liées.

Une chaîne balayeuse a été disposée dans le couloir de manière à faciliter le transport des déblais sous une moindre inclinaison et en employant une moindre quantité d'eau.

Le chaland du couloir peut enfin recevoir une locomobile et une pompe capable de fournir 150 mètres cubes d'eau à l'heure. Cette eau est répandue sur les déblais par un tuyau qui règne dans la longueur du couloir et qui a été percé de trous de distance en distance.

Tel est l'appareil qui sert au transport des déblais sur les rives du canal, lorsque ces rives sont peu élevées, et qui est employé à l'exécution des travaux sur toute la traversée des lacs de la Méditerranée, de la plaine de Suez et aux abords des grands lacs.

Dans les parties où le terrain est plus élevé et où la partie supérieure du cavalier viendrait toucher l'extrémité du couloir, l'usage de la drague à long couloir devient impossible, et l'on emploie l'appareil élévateur (Page 123).

Cet appareil consiste essentiellement en deux poutres en fer supportées perpendiculairement au canal par l'eau et par la banquette-bordure. A leur partie supérieure règne une voie de fer inclinée à environ 23 centimètres par mètre, dont l'extrémité inférieure est à 3 mètres de la surface de l'eau et dont l'extrémité supérieure est à 14 mètres au-dessus de ce même niveau.

Le point d'appui des poutres sur la banquette-bordure est un chariot qui peut rouler parallèlement au canal. Le point d'appui sur l'eau est un chaland dont l'axe est à 8 mètres environ de son extrémité.

L'attache de la poutre sur le chaland se fait au moyen d'une pièce de fonte à deux tourillons dont les axes sont horizontaux et perpendiculaires l'un à l'autre, et qui constitue une sorte d'articulation à la Cardan. De cette pièce partent les quatre jambes de force qui, formant comme les arêtes d'une pyramide renversée, vont deux à deux se river sous les poutres.

Sur la voie inclinée roule un chariot. L'essieu d'arrière est calé sur les roues. Celui d'avant est mobile dans les siennes et dans le bâti du chariot. Ce dernier porte auprès et en dedans de ses roues deux cylindres de diamètres différents, fondus d'une seule pièce. Sur le petit s'enroule une chaîne à laquelle doivent être accrochées les caisses; sur le grand s'enroule en sens inverse un câble en fer. Ce câble passe sur une poulie de renvoi au haut du plan incliné, puis vient s'enrouler sur un tambour fixé aux points d'appui des poutres sur le chaland. Une machine à deux cylindres donne le mouvement à ce tambour.

La manœuvre s'opère de la manière suivante : le treuil roulant est au bas du plan incliné. Au-dessous, se trouve amarré le bateau qui porte les caisses de déblai. On accroche aux deux côtés d'une caisse les chaînes du treuil roulant. La machine est mise en marche, les câbles en fer se tendent, se déroulent en faisant tourner les cylindres du treuil sur lesquels s'enroulent en même temps les chaînes de la caisse. Lorsque cette dernière touche le treuil, l'enroulement des chaînes est arrêté, et par suite le déroulement du câble. La machine continuant à agir, les câbles entraînent le treuil et la caisse qui y est suspendue jusqu'au sommet du plan incliné où le versement se fait automatiquement. La caisse, pendant son ascension, a été maintenue horizontale au moyen de galets fixés à ses parois à l'arrière et qui ont roulé entre des guides parallèles au plan incliné. Ces guides se relèvent à la partie supérieure, et le versement s'opère. Puis la vapeur est retournée, et le chariot descend avec sa caisse.

Les caisses mesurent trois mètres cubes. Elles sont plus étroites au fond qu'à l'arrière, et la charnière de la porte est à la partie supérieure pour faciliter le vidage.

Chaque drague est desservie par deux élévateurs. Il y en a, en tout, 18 desservies par 700 caisses. 90 chalands flotteurs servent à les porter.

Dans la plaine de Suez, les appareils que nous venons de décrire seront employés comme dans les lacs Menzaleh. La largeur du canal a été déblayée à bras jusqu'au niveau de l'eau, et, au moyen des déblais, on a formé des bourrelets derrière lesquels les dragues viendront verser leurs produits. Dans la partie voisine de Suez, séparée de la plaine par un barrage qui empêche le passage des eaux de la mer Rouge, le creusement du canal se fera au moyen de dragues desservies par des porteurs de déblais.

Aux abords des grands lacs, on emploiera les dragues à long couloir.

EXÉCUTION DE LA
PARTIE HAUTE

EL-FERDANE — LE SÉRAPÉUM
— CHALOUF.

A la traversée du seuil d'El-Ferdane, les contingents avaient creusé une tranchée dont le plafond, d'une douzaine de mètres de largeur, était à 1 mètre et 2 mètres au-dessus du niveau de la mer.

M. Couvreux est venu après eux. Il travaille à l'élargissement de cette tranchée au moyen des appareils que nous avons décrits précédemment, et donne à la cuvette une largeur de 20 mètres et une profondeur de 2 et 3 mètres. MM. Borel, Lavalley et C° lui succèdent et achèvent le creusement du canal à l'aide de dragues et de gabares à clapets de fond allant se déverser dans le lac Timsah.

Nous donnons ci-déssous la coupe transversale de ces porteurs. Ce sont des bateaux à deux hélices de 33 mètres de long sur 7 mètres de large, portant 125 mètres cubes de déblai avec un tirant d'eau de 1ᵐ 50, et dont la vitesse est de 5 à 6 kilomètres à l'heure.

Au Serapeum, la tranchée de Toussoum avait été ouverte sur 3 kilomètres. Sur le reste du plateau, il n'y avait rien de fait, et le canal d'eau douce était à 3, 4 et 5 kilomètres des chantiers.

On reconnut sur les côtés du tracé trois dépressions presque complétement fermées au niveau de l'eau douce, et dont les dimensions pouvaient permettre le dépôt des déblais d'une tranchée creusée jusqu'à 2 mètres en contre-bas du niveau de la mer. Il était donc possible d'employer les dragues dès l'origine. On creusa une rigole se raccordant avec le canal d'eau douce. En septembre 1866 l'eau l'occupait déjà sur plusieurs kilomètres, et l'un des bassins était rempli. On amena les dragues, et, à leur suite, des porteurs de déblais à clapets latéraux.

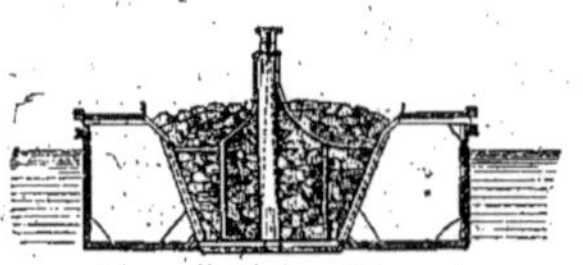

Coupe transversale des gabares à clapets de fond.

Ces porteurs, dont nous donnons ci-contre la coupe transversale, sont en fer, à deux hélices, et mesurent 32ᵐ 50 de long sur 6 mètres de large. Le puits a six compartiments. Une chambre à air, servant de chambre de manœuvre, règne au centre. Ils contiennent de 80 à 90 mètres cubes de déblais avec un tirant d'eau de 1ᵐ 20.

Coupe transversale des gabares à clapets latéraux.

Le seuil de Chalouf est attaqué d'une autre manière. Les terrassements, commencés par les contingents, sont continués à sec par l'entreprise Borel, Lavalley et Cᵉ, et le fond de la tranchée sera déblayé jusqu'à 3 mètres au-dessous du niveau de la mer. L'eau de la mer Rouge sera introduite, lorsque ce travail sera terminé, dans les rigoles de la plaine de Suez. On la fera pénétrer dans la tranchée et elle descendra dans le petit lac Amer, qui aura été séparé du grand qui lui succède par le surhaussement du seuil interposé. Les dragues et les gabares à clapets de fond achèveront l'opération.

Drague et ses deux élévateurs.

Les déblais, faits à sec à Chalouf, sont enlevés à la brouette dans les parties où le terrain est au niveau de la mer, et, à l'aide de wagons, remontés sur des plans inclinés par des treuils à chaîne mis en mouvement par une machine à vapeur, dans les parties plus élevées.

A la traversée de Chalouf, on a découvert un banc de grès, de 3 mètres d'épaisseur maximum, donnant un cube à extraire de 25,000 mètres recouverts de 120,000 mètres de sable et d'argile. L'enlèvement de ces déblais est à peu près achevé.

EXÉCUTION DE LA PARTIE BASSE. — LACS TIMSAH ET AMERS

L'opération préliminaire de l'approfondissement des lacs est leur remplissage. Celui-ci opéré, on amènera les dragues; des porteurs ou des gabares à clapets de fond recevront leurs produits et iront les verser à droite et à gauche du canal, à des distances suffisantes.

Le lac Timsah a été rouvert aux eaux de la Méditerranée au mois d'août 1866; les dragues y ont travaillé quelque temps après.

Les entrepreneurs ont l'intention d'introduire les eaux de la Méditerranée dans le grand lac Amer, après que les dragues auront terminé le travail qu'elles font en flottant sur l'eau douce. Ils laisseront passer celles de la mer Rouge après le remplissage du petit lac. La contenance du grand lac est évaluée à 900 millions de mètres cubes. Il faut compter pour l'imbibition sur 600 millions de mètres, et pour les pertes résultant de l'évaporation sur 1,500,000 mètres cubes par jour. Cette opération du remplissage des lacs Amers, l'une des plus importantes qui doive accompagner le percement du canal, s'effectuera en 250 jours seulement, d'après les prévisions établies.

Si l'expérience démontre que la traversée des lacs Amers présente des difficultés à la navigation, le tracé sera reporté sur les bords dans les fonds de 2 à 3 mètres. Le cube à déblayer sera peu considérable et suffira à la formation des banquettes qui descendront vers le large par un plan très-doux. Ces banquettes isoleront le canal du mouvement qui pourra se produire dans l'intérieur des lacs et que quelques personnes redoutent aujourd'hui.

Nous avons énuméré, en regrettant de ne pouvoir les décrire plus longuement, les différents modes d'exécution des travaux qu'avaient adoptés

MM. Borel, Lavalley et C°, ou qu'ils se proposaient de suivre au mois de septembre 1866. Leur matériel considérable leur était, à cette époque, presque entièrement livré. Nous ne pouvons énumérer les nombreux engins, les machines et les embarcations dont il se compose. Nous dirons seulement que l'ensemble de leurs machines à vapeur formait un total de 10,000 chevaux-vapeur. Le rendement de tous leurs appareils allait croissant : les 38 grandes dragues, desservies par des porteurs et des élévateurs, faisaient chacune annuellement 300,000 mètres cubes de déblais; les 20 dragues à long couloir déblayaient chacune 350,000 mètres cubes dans le même temps. C'est un produit annuel de 18 millions de mètres cubes, sans compter le travail des 18 petites dragues et des chantiers au wagon et à la brouette.

Le cube du terrassement fait à ce moment correspondait à peu près au tiers du canal.

De grandes améliorations se sont opéré dans la marche des travaux à la fin de l'année 1866 et dans la première moitié de l'année 1867. M. Lavalley en rend compte à la Société des ingénieurs civils, le 26 juillet 1867.

« L'année a été productive », dit M. Lavalley.

Le rendement mensuel a passé de 500,000 mètres cubes à 1,200,000 mètres cubes.

A Port-Saïd, les dragues atteignent les fonds de 6^m 50 et de 7 mètres. La jetée Ouest, s'étendant à 2,200 mètres de la plage, dépasse ces profondeurs. Celle de l'Est est un peu moins avancée. On n'observe pas de transport de sable; dans les profondeurs de 5 mètres déjà, il semble que le fond soit tout à fait immobile, et Port-Saïd pourra bientôt recevoir tous les bâtiments tirant jusqu'à 6^m 50, c'est-à-dire non-seulement tous les voiliers, mais tous les bâtiments à vapeur de commerce de la Méditerranée. La plus grande activité règne sur ce point : 7 dragues et 18 porteurs travaillent dans le port, et il est certain que, vers la fin de 1868, le chenal et les bassins seront partout à la profondeur de 8 mètres.

Au-delà de Port-Saïd, le canal est creusé par les dragues à long couloir et par des dragues desservies par des élévateurs. Aucun affaissement ne s'opère, ainsi qu'on l'avait redouté, à la traversée des lacs Menzaleh. Le rendement des dragues à long couloir a atteint 55,000 mètres cubes par mois; le chiffre de 40,000 mètres est très-souvent dépassé. Des chaînes balayeuses fonctionnent dans l'intérieur des couloirs et donnent d'excellents résultats.

L'élargissement de la tranchée au-dessus de l'eau, à la traversée du seuil d'El-Guisr, sera très-probablement terminé à la fin de l'année 1867. Le dragage dans le seuil et dans le lac Timsah se fait avec facilité.

Au mois de novembre 1866, l'eau du Nil a été amenée sur le plateau du Serapeum. En moins d'un mois, les tranchées préparatoires et deux des bassins artificiels ont été remplis de plus de 3 millions de mètres cubes d'eau. Les dragues sont arrivées de Port-Saïd et ont été introduites dans les tranchées. Au mois de septembre 1867, la tranchée était ouverte sur 5 kilomètres à toute la largeur qu'elle devait avoir en crête et à 4 mètres de profondeur au-dessous du niveau de l'eau douce.

Le terrain se fouille facilement au Serapeum et le rendement des dragues s'élève parfois jusqu'à 2,500 mètres cubes par jour.

Les bonnes conditions dans lesquelles s'opère le travail sur ces chantiers donne la certitude que les déblais qui doivent être faits à l'eau douce seront terminés au mois de mars ou d'avril 1868.

Au sud du plateau et à l'origine des lacs Amers, le canal est creusé à sec soit au wagonnet, soit à la brouette.

L'avancement des travaux, l'expérience du remplissage du lac Timsah permettent d'espérer que les lacs Amers seront remplis en moins d'une année, c'est-à-dire avant le printemps de 1869.

Le projet d'exécution de la partie comprise entre les lacs Amers et la plaine de Suez, arrêté l'année précédente, a été modifié. Le canal sera exécuté à sec et à toute profondeur, sur ces 23 kilomètres, tantôt à l'aide des wagons et des plans inclinés, tantôt avec la brouette. Ce travail sera terminé pour le printemps de 1869.

Au delà, et sur 14 kilomètres, on a déblayé à bras et en épuisant, lorsque cela a été nécessaire, jusqu'au dessous du niveau moyen de la mer Rouge. Puis, au moyen d'un branchement, on a introduit l'eau du canal d'eau douce, les dragues et les élévateurs après elle.

Dans la rade et jusqu'au rivage, les dragages continuent, et leur produit est employé à remblayer un banc accore concédé à la compagnie à l'entrée du canal. Ce travail, aujourd'hui terminé, a été exécuté en moins d'un an.

« Le terrain est attaqué partout, dit M. Lavalley en terminant sa communication, et le canal de 160 kilomètres n'est plus qu'un seul chantier, interrompu seulement par les lacs Amers. » Les travailleurs de tous les pays s'y donnent la main. On compte 7,000 indigènes, 6,900 Européens, en tout 13,900 ouvriers, composés d'autant d'Occidentaux que d'Orientaux : des

Maltais, des Calabrais, des Grecs qui s'acclimatent sans peine, des gens du Nord qui s'acclimatent moins bien, des Arabes, des Égyptiens et des Syriens.

Le percement de l'isthme de Suez produit une langue nouvelle : c'est une sorte de patois italien, une corruption des idiomes du littoral méditerranéen, que parlent promptement les Européens et les Arabes.

La France fournit la plus grande partie du personnel des employés de tous grades. Elle donne aussi tous les produits de consommation, à part le blé qui vient de l'Égypte ou de la Russie, et la viande qu'envoie l'Asie-Mineure. Les légumes viennent de Syrie, de Damiette et des jardins qui sont dans l'isthme, à Ismaïlia ou à Suez. La végétation se développe promptement sous le soleil de l'Orient, dont l'eau du Nil, apportée en abondance par le canal d'eau douce, vient tempérer les ardeurs.

Tout concourt au prompt achèvement de l'œuvre. Quelques appareils sont encore attendus, ils fonctionneront vers le 1er décembre 1867. Le cube restant à faire à ce moment ne sera plus que de 40 millions de mètres cubes. Or, le rendement mensuel étant de 2 millions de mètres environ, il faudra encore vingt à vingt-deux mois, ce qui portera l'achèvement du 1er août au 1er octobre 1869. En admettant qu'une erreur, — inadmissible aujourd'hui après les résultats obtenus, — que des circonstances tout à fait imprévues et improbables viennent prolonger ce délai, il est bien certain qu'il ne sera dépassé que de très-peu de temps.

En attendant, un service de transit, établi depuis plusieurs mois, fonctionne régulièrement entre les deux mers, transportant 1,000 tonnes par jour, soit 500 tonnes dans chaque sens. Les chalands chargés à Port-Saïd suivent le canal maritime, tirés par un remorqueur jusqu'à Ismaïlia. En ce point, ils passent dans le canal d'eau douce ; un toueur les conduit jusqu'à Suez.

Ce résumé, bien court en comparaison de l'œuvre à laquelle il s'applique, nous paraîtrait incomplet si nous ne disions quelques mots, en terminant, des hommes qui ont transformé le désert et qui contribuent chaque jour aux progrès de cette nouvelle artère de la vie des nations.

Rendons un légitime hommage à la mémoire de S. A. Mohammed-Saïd-Pacha, dont le nom, comme celui de son successeur Ismaïl, restera éternellement attaché à la création du canal. Des deux souverains de l'Egypte, l'un eut l'idée, l'autre concourut à l'exécution ; le premier secoua la cendre qui couvrait depuis des siècles l'œuvre des Pharaons, le second défendit les intérêts de la civilisation engagés, et l'on ne saurait dire lequel aura plus de gloire dans la postérité, de celui qui s'éleva contre la tradition ou de celui qui lutta contre les attaques injustes et jalouses d'un gouvernement égoïste. De tous deux le nom restera grand et vénéré dans les Annales des peuples.

Un autre homme vient se ranger immédiatement auprès d'eux. C'est un lutteur infatigable, qui ne trouve son repos que dans le triomphe. Ni les courses dans le désert, ni les débats oratoires ne sauraient épuiser ses forces ni tarir son courage. Toujours il est debout, prêt au combat. Il est ainsi des hommes, qui apparaissent de loin en loin au milieu de notre humanité, satellites isolés semblant obéir dans leur marche aux lois immuables qui régissent les satellites célestes, précurseurs d'une révolution ou mieux d'une évolution politique, religieuse ou civilisatrice. M. F. de Lesseps est un de ces hommes. La grandeur du but efface pour lui les obstacles du chemin. La nature sera soumise, les incrédules seront convaincus et le canal accomplira son œuvre de civilisation. Ainsi le veulent les destinées humaines.

Nos vœux accompagnent ces hommes, à quelque nation qu'ils appartiennent, à quelque degré de l'échelle du travail qu'ils soient placés : grands entrepreneurs, comme MM. Borel et Lavalley; directeur de travaux, comme M. Voisin ou comme ceux qui l'ont précédé : MM. Linant-Bey et Mougel-Bey; ingénieurs ou simples ouvriers; nos cœurs sont avec eux et, si l'on avait coutume de fêter le retour des soldats de la paix comme on fête celui des soldats de la guerre, nous proposerions dès aujourd'hui de tresser des couronnes.

La sueur versée pour le triomphe de la civilisation n'a-t-elle pas un aussi grand prix que le sang répandu sur les champs de bataille?

PONTS MÉTALLIQUES

PONTS MÉTALLIQUES

Nous avons publié dans nos livraisons 4 et 5 le pont du Point-du-Jour qui peut être considéré comme un des types les mieux réussis des ponts en pierre. Mais, en dehors de cet ordre d'idées, les problèmes soulevés par la construction de nos réseaux de chemins de fer ont conduit à l'emploi sur une grande échelle du métal dans les travaux d'art.

L'introduction en France des ponts métalliques, d'abord essayés en Angleterre, date de la construction du pont d'Asnières, dû à M. Flachat, alors ingénieur en chef du chemin de fer de Saint-Germain.

Le succès de ce travail a vaincu à cette époque les préjugés qui s'attachent si souvent aux idées nouvelles.

Nous avons voulu donner dans cette livraison un spécimen de ce genre de construction, et nous avons choisi pour type le pont sur la Seine à la gare d'Elbeuf.

PONT SUR LA SEINE, CHEMINS D'ACCÈS A LA GARE D'ELBEUF.

Lors de la construction de l'embranchement de Serquigny à Rouen, pour éviter un viaduc, on plaça la station d'Elbeuf en face la ville, de l'autre côté de la Seine. Cette disposition nécessita un pont entre les deux rives du fleuve, pour créer une communication facile de la gare à la cité éminemment industrielle qu'elle dessert.

La traversée se fait par deux ponts : l'un, sur le grand bras, a 207 mètres de longueur, l'autre n'a que 20^{m}75.

Nous décrirons seulement le plus grand, parce qu'il présente une disposition toute différente de ceux de Paris, dont nous allons parler :

La longueur est divisée en cinq travées : trois de 44 mètres, deux de 33^m 48.

Deux poutres en tôle de 207 mètres de long reposent sur les deux culées et les quatre piles. Ces piles sont composées de deux colonnes en maçonnerie, entretoisées solidement par des pièces de fonte. Chaque poutre est supportée isolément par une rangée de colonnes.

La hauteur de 3^m 50 suffit par la résistance à la flexion résultant du poids du pont et des charges qu'il supporte. Deux semelles en haut et en bas sont les pièces les plus fatiguées et aussi les plus robustes, comme on peut le voir sur le dessin. Elles sont réunies par un treillis composé de bandes de tôle à 45°, ce qui donne à la construction un aspect remarquable de légèreté et d'élégance.

La largeur totale est de 8 mètres, y compris deux trottoirs de 1^m 25, la chaussée est supportée par des entretoises s'appuyant sur les poutres principales et réunies par de petites voûtes en tôle emboutie rivées aux pièces transversales.

PONT D'AUSTERLITZ (1).

Une loi du 24 ventôse an IX (15 mars 1801) ordonna la construction de trois ponts à Paris : l'un entre le Louvre et le palais Mazarin ; l'autre reliant l'île de la Cité à l'île Saint-Louis ; et le troisième destiné à établir une communication commode entre le faubourg Saint-Antoine et le quartier du jardin des Plantes ; ce dernier surtout était depuis longtemps indispensable. En 1785, des lettres patentes avaient autorisé Beaumarchais à établir un pont métallique reliant l'Arsenal au jardin des Plantes, mais ce projet ne reçut son exécution que par suite de la loi précédente.

Cet ouvrage, commencé en 1802 par une Compagnie dite *des Trois Ponts*, reçut le nom de pont d'Austerlitz, en commémoration de la bataille remportée le 2 décembre 1805 par l'armée française sur celles de Russie et d'Autriche réunies. Sa construction, commencée en 1802 et achevée en 1806, fut conduite par M. Lamandé, ingénieur en chef des ponts et chaussées, d'après les

---

(1) Nous donnons les ponts en métal construits à Paris existant encore ou remplacés actuellement.

dessins de M. Becquey de Beaupré. C'est le premier pont métallique qui fut construit à Paris : il reposait sur quatre piles de pierre fondées sur pilotis par le procédé des caissons échouables. Les arches étaient en fonte, formées chacune de sept arcs de cercle de 32^m 36 d'ouverture sur 3^m 23 de flèche. Chacun de ces arcs était composé de vingt et un voussoirs en fonte, boulonnés entre eux et surmontés par des châssis également en fonte allant jusqu'au tablier. Celui-ci, construit en madriers jointifs, portait une chaussée en cailloux, deux trottoirs en dalles et une balustrade en fer forgé.

La solidarité et l'unité de cet ensemble étaient assurées par des entretoises transversales et des croix de saint André. La longueur entre les culées était de 174 mètres et la largeur de 12^m 75. La construction complète coûta 2,479,400 fr.; chiffre exorbitant et qui montre le peu d'expérience que l'on avait alors dans ce genre de travaux. Le pont métallique subsista jusqu'en 1854; il était alors fort détérioré, probablement par l'excès de circulation amené dans ces parages par suite de l'établissement des gares de Lyon et d'Orléans. Il fut décidé alors que les arches de fonte seraient remplacées par des arches de pierre. Les culées de l'ancien pont avaient été construites avec une longueur de 18 mètres, on donna la même dimension aux piles, et cela d'autant plus facilement, que les plate-formes des caissons échoués qui avaient servi à faire les fondations avaient 18^m 50. Les nouvelles arches sont un arc de cercle de 32 mètres d'ouverture, avec une flèche variant de 4^m 67 à 4^m 02 de celle du milieu à celles de rive. L'exécution a été confiée à M. Gariel pour la somme de 950,000 fr. Les voûtes sont en meulière avec bandeaux de tête en pierre de taille, le tout jointoyé au ciment de Vassy. Les faces des tympans sont en moellons piqués provenant de la démolition du pont Notre-Dame.

Une corniche de pierre dure surmontée d'une balustrade en fonte couronne la construction.

PONT DES ARTS.

Le pont des Arts, construit par la même compagnie et commencé la même année que le précédent, fut achevé en 1804 (1). Sa direction suit l'axe

. (1) Nous parlerons du pont de la Cité qui fut le troisième pont construit par cette compagnie, lorsque nous nous occuperons du pont Saint-Louis qui l'a remplacé en 1860.

commun du Louvre et du palais Mazarin. Il est, comme le pont d'Austerlitz, construit en fonte, mais d'un système différent : le tablier, en bois bitumé, est supporté par des arcs fort minces, d'une seule pièce, reposant sur des piles en maçonnerie fondées sur pilotis. De petits arcs intermédiaires *ab* (fig. B)

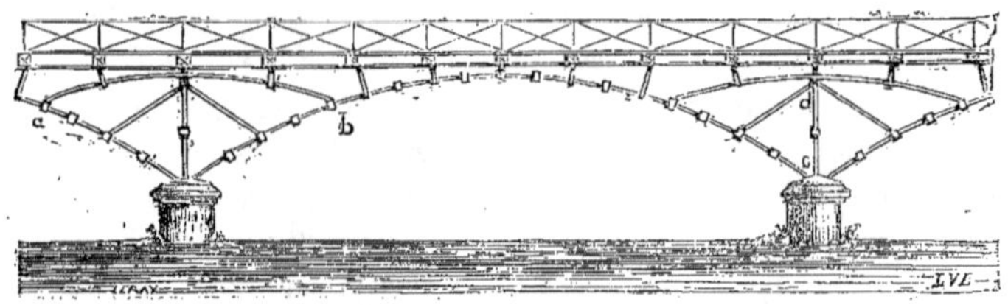

Fig. B.

relient deux travées voisines, et l'ensemble est convenablement entretoisé. Il avait dans le principe neuf arches de 17 mètres; mais l'élargissement du quai Conti, en 1852, ayant pris environ la moitié de l'une d'elles, on supprima la pile la plus voisine pour faire une arche de rive de 22 mètres. Il a donc actuellement huit arches; sa longueur est de 147 mètres et sa largeur de 10 mètres. Il ne sert qu'aux piétons. Il offre un grand aspect de légèreté dû aux faibles proportions des arcs qui le supportent, seulement il pèche par la propagation des vibrations d'une travée à toutes les autres; on a dû pour empêcher ces vibrations relier solidement les piles jusqu'au tablier en *cd*.

PONT D'ARCOLE.

Le second des ponts dont s'était chargée la compagnie dite des *Trois nouveaux ponts* était la passerelle suspendue de la Grève; elle fut construite dans le courant de l'année 1828. Elle était formée de deux travées de 41 mètres; sa largeur était de 5ᵐ 60. Elle reçut par la suite le nom de passerelle d'Arcole qui ne lui fut pas donné, comme on serait porté à le supposer, à cause du pont d'Arcole au passage duquel le général Bonaparte se couvrit de gloire en Italie, mais pour rappeler le souvenir de la mort héroïque d'un jeune ouvrier parisien qui s'y fit tuer en juillet 1830.

Quoique cette passerelle ait été démolie en 1854, le nom d'Arcole a été conservé au pont en fer qui l'a remplacée pour répondre aux besoins de la circulation devenue beaucoup plus active que quelques années auparavant.

Le pont actuel, proposé par M. Oudry, est formé d'une seule arche de 80 mètres d'ouverture sur 20 mètres de largeur surbaissée au treizième. Elle est composée de douze arcs en fer, dont dix sont placés sous la voie charretière, à 1ᵐ 33 de distance, d'axe en axe; les deux autres sont placés à l'aplomb des trottoirs, à 3ᵐ 50 de chaque côté des précédents. Ils sont contreventés à l'aide d'entretoises en fer à T, et sont reliés à un longeron supérieur qui soutient le tablier par une sorte de treillis en fer formant tympan. La construction complète est revenue à environ 1,500,000 francs.

Le longeron est solidement attaché au sommet de l'arche avec les arcs de tête auxquels il est accolé et non superposé, ce qui diminue de moitié l'épaisseur à la clef et donne à ce pont un aspect remarquable d'élégance et de légèreté qui en fait un des plus beaux ouvrages de Paris. Bien que sa solidité ne laisse rien à désirer, il est soumis à des vibrations inévitables qui ont pour résultat de cisailler les rivets et de les briser; cet inconvénient nécessitera quelque jour une réparation générale, mais ne compromet d'ailleurs en rien la sûreté des passants.

PONT DES SAINTS-PÈRES, OU DU CARROUSEL.

Le pont du Carrousel est un pont métallique composé de trois arches en fonte en arc de cercle de 47 mètres d'ouverture, surbaissées au dixième, reposant sur deux culées et sur deux piles fondées sur des massifs de béton par le procédé dit *méthode d'encaissement*.

Les piles ont 4 mètres d'épaisseur, et montent jusqu'au tablier pour empêcher les vibrations. Chaque arche est formée de 5 fermes distantes de 2ᵐ 80 d'axe en axe, solidement contreventées, et supportant un plancher formé de madriers de chêne recouverts d'une chaussée cailloutée comprise, ainsi que deux trottoirs bitumés, entre deux parapets distants de 12 mètres. La construction qui a duré trois ans, de 1831 à 1834, et a coûté environ un million, est conçue dans le système dit des *arcs*, par opposition au système de voussoirs employé à l'ancien pont d'Austerlitz, et plus récemment au pont Saint-Louis et au pont Solférino.

M. l'ingénieur Polonceau, qui étudia le projet et dirigea les travaux
du pont du Carrousel, était fort opposé aux voussoirs en fonte; les arcs sont
donc rigides, et construits par un procédé qui les fait agir à la façon des
arcs en tôle de fer rivée. Leur section est sensiblement une ellipse dont le
grand axe est vertical; ils sont creux et formés par la réunion au moyen de
deux brides *ab* (fig. D) (1), et de boulons de deux portions symétriques A, B.

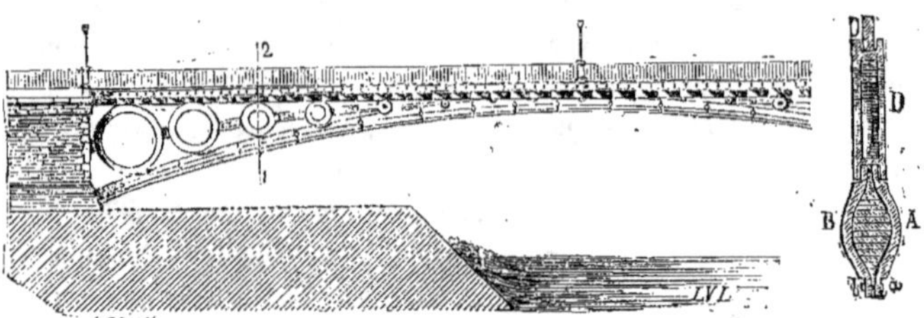

Fig. D.

L'intérieur est occupé par une âme en bois, formée de planches de sapin superposées et agissant pour résister à la flexion comme les pièces courbes des
combles du colonel Emy; les parties d'arcs en fonte sont assemblées dans le
sens longitudinal de façon à croiser les joints de la face A avec ceux de B.

La liaison entre cet arc et le longeron supportant le tablier est établie
par une série de cercles en fonte évidés qui reposent simplement par leur
partie inférieure sur les brides et qui soutiennent de même le longeron à
leur partie supérieure. L'absence de toute liaison rigide entre les cercles D
et les deux autres pièces est destinée à ne pas gêner les vibrations qui
s'opéreront dans chaque ferme; c'est surtout à ce dernier point de vue,
que cet ouvrage n'a peut-être pas donné des résultats aussi satisfaisants
qu'on l'avait espéré. L'amplitude des vibrations qui était très-faible au moment de la mise en circulation, est devenue depuis lors beaucoup plus grande
quoique la prolongation des piles jusqu'au tablier soit faite pour la diminuer; cela donne lieu à des oscillations relativement considérables, qui cons-
tituent un inconvénient réel.

(1) Coupe suivant *s, r*.

PONT SOLFÉRINO.

Dès 1826 plusieurs projets avaient été présentés pour l'établissement d'une passerelle entre le pont Royal et le pont de la Concorde; tous avaient échoué à cause de la difficulté de créer en face de ce pont un passage à travers ou sous la terrasse du bord de l'eau qui limite de ce côté le jardin des Tuileries, qui était alors, comme encore aujourd'hui, réservée aux promenades de la famille régnante. Cependant un décret impérial ordonna en 1858 l'établissement de ce passage. Le pont Solférino a 144 mètres de longueur et se compose de trois arches en fonte de 40 mètres d'ouverture, surbaissées au 11me pour les arches de rive et au 10me pour celle du milieu, construites dans le système des voussoirs et en tout semblables à l'arche de 64 mètres du pont Saint-Louis. Chacun des neuf arcs qui composent une arche est formé de quinze voussoirs boulonnés entre eux; la culée rive gauche est fondée au niveau de l'étiage sur le terrain naturel, l'autre sur un massif de béton de 1^m 50 au-dessous de l'étiage. Les piles ont été établies par le procédé des caisses sans fond en partie étanches; elles sont couronnées d'une corniche à consoles surmontée de dés en marbre du Jura entre lesquels règne une balustrade en fonte. Le total des frais nécessités par la construction de cet élégant ouvrage est de 1,090,000 francs.

PONT DE CONSTANTINE.

Le pont suspendu de Constantine fut construit en 1837; il se compose de trois travées; celle du milieu a 101 mètres, et celles des rives ont chacune 26 mètres; la largeur est de 3 mètres. Il ne sert qu'aux piétons et relie la rive gauche de la Seine à l'île Saint-Louis.

La passerelle de Damiette, construite la même année, franchissait par deux travées le bras du fleuve compris entre l'île Saint-Louis et l'île Louviers, et celui compris entre cette île et la rive droite. Elle fut détruite en février 1848; peu de temps après on combla le bras de Grammont pour réunir l'île Louviers au bord, et on construisit, pour passer de ce nouveau quai à l'île Saint-Louis, un pont en charpente à angle droit avec le pont de Constantine. Ces deux ouvrages sont destinés à disparaître prochainement, lors du prolongement du boulevard Saint-Germain sur la rive gauche de la Seine.

PONT LOUIS-PHILIPPE ET PONT SAINT-LOUIS.

Le premier pont Louis-Philippe, dont la première pierre fut posée le 29 juillet 1833, mettait en communication le quai de la Grève avec le quai Napoléon, par des travées réunies sur la pointe occidentale de l'île Saint-Louis, et larges de 8 mètres.

Les constructeurs qui étaient MM. Séguin, frères, jouissaient d'un droit de péage qui fut racheté par la ville, comme celui de tous les autres ponts de Paris, sauf celui de Grenelle, qui expirera en 1874.

En 1848, la travée du midi fut incendiée et rétablie aux frais de l'État; le pont prit alors le nom de pont de *la Réforme*. Enfin en 1860 il fut démoli. La travée du nord a été remplacée par le nouveau pont Louis-Philippe, exécuté en maçonnerie, dans le prolongement de la rue du même nom et la travée du midi, par le pont Saint-Louis en fonte qui supprima du même coup le pont suspendu connu sous le nom de passerelle de la Cité.

Cette dernière avait remplacé, en 1842, une passerelle en charpente construite elle-même en 1801, sur l'emplacement d'un pont en bois, beaucoup plus ancien qui avait été, depuis l'époque de sa fondation en 1634, renversé et reconstruit deux ou trois fois, jusqu'en 1795, époque où il fut définitivement renversé. La construction qui le remplaça à cette époque, était comprise dans le traité de la première compagnie des *Trois Ponts* (1); elle était composée de deux arches en bois et fer recouverts de cuivre rouge, reposant sur une pile et deux culées en maçonnerie. Des planches peintes recouvrant les arches donnaient à cet ouvrage l'aspect d'un pont en maçonnerie, peu justifié d'ailleurs par sa solidité, puisqu'on fut obligé de le démolir en 1811. Il fut alors remplacé par une passerelle suspendue construite également aux frais de l'État, qu'on a enfin remplacée elle-même en 1861, par le pont Saint-Louis qui franchit le bras de la Seine compris entre l'île de la Cité et l'île Saint-Louis,

____

(1) Voir page 132. *Pont d'Austerlitz.*

par une seule arche métallique biaise en arc de cercle, de 64 mètres d'ouverture surbaissée au onzième et composée de neuf arches de fonte espacées
entre elles de 2 mètres d'axe en axe, supportant au moyen de tympans
évidés, un tablier composé de voûtes en briques, sur lesquelles reposent la
chaussée et les trottoirs. La largeur entre les deux balustrades en fonte qui
couronnent les deux arches de tête est de 16 mètres.

Toutes ces pièces ont été fondues à l'usine de Fourchambault; leur poids
total est de 755,927 kilogrammes. La dépense, y compris les deux culées
en maçonnerie, construites par Garmechot, concessionnaire des deux ponts,
s'est élevée à 655,700 francs, dont 375,000 francs pour l'arche en fonte.

Quant au pont Louis-Philippe, il est revenu à 576,000 fr. ; il a 100 mètres
de longueur et est formé de trois arches elliptiques de 30 et 32 mètres d'ouverture. Les matériaux de construction et la décoration sont absolument les
mêmes qui ont été adoptés deux années plus tard pour le nouveau pont de
Bercy, dont nous avons déjà parlé, sauf que la corniche à modillons est
couronnée par un parapet à balustres en marbre du Jura.

La culée rive gauche est fondée partie sur le terrain naturel, composé de
sable pur à 1 mètre au-dessus de l'étiage et partie sur les pilotis de l'ancien
quai Bourbon; celle de droite repose tout entière sur le terrain naturel à
40 centimètres au-dessous de l'étiage. Les deux piles sont fondées par le
procédé de la caisse sans fond en partie étanche.

Les fondations de la culée du pont Saint-Louis attenante au quai Napoléon,
sont faites sur pilotis et massif de béton; l'autre repose sur une couche de
béton coulée à 1ᵐ 30 au-dessous de l'étiage.

PONTS EN PIERRE ET EN CHARPENTE [1]

PONT DE LA CONCORDE

Le même édit rendu par Louis XVI, en septembre 1786, qui ordonna la démolition des maisons construites sur tous les ponts de Paris, décréta en même temps un emprunt de 30 millions de livres, dont 1,200,000 devaient être affectées à la construction d'un pont en pierres, situé dans l'axe de la place de la Concorde, nommée alors place Louis XV.

L'exécution en fut confiée à Perronet, architecte du roi, qui portait le titre de premier ingénieur des ponts et chaussées, et qui s'était déjà rendu célèbre par la construction du pont de Neuilly terminé en 1772, et du pont de Sainte-Maxence élevé sur l'Oise de 1774 à 1784.

Les premiers pieux furent enfoncés le 20 juin 1787, et le travail des fondations sur pilotis avec grillage et enrochements ne fut terminé qu'en 1789 ; le 11 août 1788 avait eu lieu la cérémonie de la pose de la première pierre ; à la fin de 1790 toutes les voûtes étaient fermées sur leurs cintres ; et en 1791 l'ouvrage était complétement terminé.

Perronet, alors âgé de quatre-vingt-trois ans, mourut en 1794. La renommée attachée à son nom par la construction du pont de la Concorde et

---

(1) Ici s'arrête la description des ponts métalliques de Paris, ceux qui suivent sont ou en pierre ou en charpente ; ils terminent la description, commencée dans la quatrième livraison, de tous les ponts de Paris.

du pont de Neuilly, n'a pas été dépassée par les ingénieurs modernes dans les travaux d'art, plus récents et plus difficiles.

Le pont de la Concorde, que nous avons seul à décrire, est encore aujourd'hui le plus beau pont de Paris, si l'on considère la hardiesse des arches, le soin apporté à sa construction et sa décoration à la fois simple et majestueuse.

Le pont-viaduc du Point-du-Jour, qui doit aux circonstances spéciales qui ont présidé à son exécution un aspect extérieur dont nous nous sommes plu à constater le bel effet architectural (1), ne peut pas lui être comparé à ne considérer que le pont-route placé au-dessus du viaduc, dans lequel les arches elliptiques ont une flèche double environ de celles en arc de cercle du pont de la Concorde. Celles-ci, au nombre de cinq, ont des dimensions de $31^m 50$, 29 mètres et 26 mètres avec des flèches de $3^m 97$, $3^m 68$ et $2^m 98$; les tassements, après décintrement, ont été de $0^m 33$, $0^m 22$ et $0^m 19$. On doit regretter seulement que la largeur entre les têtes ne soit que de $15^m 60$; il ne sera d'ailleurs pas impossible de rélargir la chaussée, sans établir de nouvelles fondations, car celles exécutées primitivement sont de beaucoup en saillie sur les piles; on pourrait, semble-t-il, gagner assez facilement un élargissement de 5 mètres sans rien changer, du reste, aux dispositions architecturales adoptées par Perronet pour la décoration des têtes que l'on transporterait pour ainsi dire parallèlement à elles-mêmes. Tel qu'il est, il présente cinq arches en arc de cercle, reposant sur des piles de $2^m 90$ d'épaisseur, dont les avant et arrière-becs sont formés comme pour les demi-piles en saillie sur les culées, par des colonnes cylindriques engagées au quart et élevées jusqu'au niveau de la corniche à modillons qui règne le long des deux têtes du pont. Ces colonnes supportent des piédestaux carrés intercalés dans le parapet à balustres qui couronne l'ouvrage.

Ils sont au nombre de douze, sur lesquels devaient être placées les statues en marbre de douze hommes célèbres (2). Ces statues furent enlevées à cause de l'impression désagréable que leur hauteur colossale, calculée pour ajouter à l'effet d'ensemble du pont et vue à une certaine distance, produisait sur les spectateurs qui les voyaient de beaucoup plus près en le traversant.

(1) Quatrième livraison. *Pont-Viaduc du Point-du-Jour*.
(2) Suger, Sully, Duguesclin, Colbert, Turenne, Duguay-Trouin, Suffren, etc..

PONT D'IÉNA.

On devait d'abord donner au pont qui franchit la Seine, vis-à-vis le Champ de Mars, dans l'axe de l'École militaire, le nom de pont du Champ de Mars ou de l'École militaire, mais la victoire remportée le 14 octobre 1806 sur l'armée prussienne lui fit donner le nom de pont d'Iéna, qui faillit lui être fatal en 1814. Blücher fit, pour le faire sauter, plusieurs tentatives infructueuses ; l'énergique résistance de Louis XVIII le sauva, mais il fut décidé qu'il porterait dorénavant le nom de pont des Invalides, afin de ne blesser aucune susceptibilité. Il fut commencé en 1806 et achevé en 1813, sous la direction de M. Lamandé qui venait de terminer le pont d'Austerlitz. Il nécessita des travaux de terrassement considérables, pour établir les quais du côté du Champ de Mars, ainsi que la culée de 15 mètres d'épaisseur fondée sur pilotis par le procédé des caissons échouables, qui a servi aussi à établir les fondations des quatre piles, sauf la première de rive gauche qui a été fondée sur grillage et plate-forme, ainsi que la culée de droite. La somme totale dépensée, tant pour le pont que pour les quais adjacents, a été d'environ 6 millions de francs.

Les arches, au nombre de cinq, sont des arcs de cercle de 28 mètres d'ouverture sur 3^m 30 de flèche ; elles sont couronnées par une corniche à modillons surmontée d'un parapet en pierre de 0^m 95 de hauteur.

Les tympans sont décorés par des aigles couronnées placées au-dessus des avant et arrière-becs demi-cylindriques ; les quatre groupes équestres qui décorent les deux extrémités n'ont été installés qu'en 1853.

La longueur totale est de 140 mètres et la largeur entre les parapets de 13^m 70, dont 8^m 70 pour la chaussée et 5 mètres pour les trottoirs.

Dans l'axe de ce pont on avait projeté une route conduisant à la montée de Chaillot sur laquelle devait s'élever le palais du roi de Rome. Ce projet vient d'être en partie exécuté à l'occasion de l'Exposition universelle ; au bout de l'avenue du parc, en sortant du palais, on a devant soi un magnifique coup d'œil produit par la vue de l'escalier qui, à l'autre bout du pont, donne accès à la place du Roi-de-Rome, qui était en quelque sorte la grande entrée de l'Exposition.

PONT DE GRENELLE.

Le pont de Grenelle que l'on aperçoit dans le lointain sur la *fig*. 1 de la planche IV (1), représentant l'élévation du pont-viaduc du Point-du-Jour, fut construit de 1825 à 1827 par une compagnie qui se chargea en même temps du port et de la gare de Grenelle, moyennant des droits de péage dont l'expiration n'aura lieu qu'en 1874. Ces droits n'ont pas été rachetés par l'État ni la ville de Paris comme ceux existant pour beaucoup d'autres ponts de Paris, de sorte que ce pont est le seul dans notre capitale sur lequel on perçoive encore un droit de passage. Il est séparé en deux par la digue de Grenelle, et se compose de six arches en charpente reposant sur des piles et culées en maçonnerie fondées sur pilotis. Les arches ont 25 mètres d'ouverture ; la largeur entre les garde-corps est de $9^m 80$, dont 7 mètres pour la chaussée et $2^m 80$ pour les trottoirs.

Les frais de construction se sont élevés à 789,000 francs.

PONT DES INVALIDES.

Les ponts suspendus au moyen de câbles en fil de fer étaient déjà usités en Amérique et en Angleterre, lorsqu'en 1824, l'administration de la ville de Paris désira en faire l'essai. Le projet fut élaboré par l'ingénieur Navier, théoricien habile, mais peu expérimenté, et l'exécution en fut confiée à une société qui prit le nom de *Société du pont des Invalides*.

Le pont s'élevait dans l'axe des bâtiments et de l'esplanade des Invalides, il était presque achevé, lorsqu'en 1826, on constata dans les culées des mouvements indiquant que les points d'attache des câbles de suspension n'étaient pas suffisamment résistants.

L'administration, impuissante à remédier à ce vice de construction, or-

(1) Voir la première livraison des *Ponts de Paris*.

donna la démolition de cet ouvrage, et pour indemniser la compagnie, elle lui concéda la construction de trois nouveaux ponts :

1° Un pont suspendu en face de l'allée d'Antin ;

2° Une passerelle suspendue pour piétons entre la place de Grève et l'île de la Cité ;

3° Un pont fixe, traversant le petit bras de la Seine à la pointe de la Cité, derrière le jardin de l'archevêché.

Le premier de ces trois ponts construit sur l'emplacement actuel du pont des Invalides, était composé de trois travées séparées par des portiques supportés sur deux piles fondées sur pilotis et espacées de 68 mètres ; sa largeur était de 7 mètres. La démolition en fut résolue en 1854, et la construction d'un pont en pierres fut confiée à M. Gariel, qui devait se servir des anciennes piles et culées et avoir terminé les travaux le jour de l'ouverture de l'Exposition universelle (1er mai). Les opérations furent commencées le 25 octobre 1854 et continuées tout l'hiver, malgré la hauteur exceptionnelle des eaux ; néanmoins le pont ne fut livré à la circulation qu'en 1856.

On a accru l'épaisseur des culées du pont suspendu ; on a allongé ses deux piles et on en a construit une nouvelle au milieu de la travée centrale, pour supporter quatre arches en arc de cercle de 31^m 86 d'ouverture pour les deux arches de rives et de 31^m 60 pour celles du milieu ; leurs flèches respectives sont de 3^m 10 et 4^m 10. La longueur totale est de 135 mètres et la largeur de 16 mètres.

Les voûtes sont en meulière avec bandeaux de tête en pierre de taille jointoyées au ciment de Vassy. Les tympans en pierre tendre sont évidés à l'intérieur au moyen de voûtes de décharge sur lesquelles repose la chaussée ; leur paroi extérieure est décorée de six sculptures ayant rapport à la guerre sur terre et sur mer ; les avant et arrière-becs cylindriques de la pile du milieu sont surmontés de deux Victoires, et ceux des deux autres piles de simples trophées.

Cet ouvrage est couronné par une corniche en pierres de taille accompagnée de dés de même matière placés à l'aplomb des piles, entre lesquels règne une balustrade en fonte.

LES MOTEURS SUR LES VOIES FERRÉES

LES MOTEURS SUR LES VOIES FERRÉES

HISTOIRE DES LOCOMOTIVES

SOMMAIRE : Importance des voies de communication pour la prospérité d'un peuple. — Les voitures à vapeur et les locomotives. — Planta (1767). — Cugnot (1769). — Oliver Evans (1790). — Trevithick et Vivian (1804). — Blenkinsop (1811). — Brunton (1813). — Blackett (1813). — George Stephenson (1814). — Hackworth (1825). — Séguin aîné (1829). — Concours de Liverpool : *la Fusée* (1829).

Dans les temps les plus reculés, comme à l'époque actuelle, les peuples les mieux pourvus de moyens de transport ont été à la tête de la civilisation. Dans l'antiquité, les Phéniciens, les Rhodiens, les Carthaginois ont dû leur puissance à la mer, route sur laquelle leurs vaisseaux faisaient le commerce du monde entier. Les Romains connaissaient parfaitement l'utilité des communications rapides ; aussi l'Italie et les pays conquis étaient sillonnés de leurs *voies* si bien construites qu'on les retrouve encore aujourd'hui. Au moyen âge, ce sont les Vénitiens, les Génois ; ils doivent leur fortune et leur puissance au génie maritime, faisant de leurs villes les entrepôts de l'Europe entière.

Enfin, de nos jours, il est incontestable que la prospérité de l'Angleterre vient surtout de sa position insulaire et de la parfaite viabilité de son territoire.

Du reste, cette vérité n'a été méconnue d'aucun des peuples civilisés, qui ont toujours tiré parti des voies navigables, ou approprié celles qui ne l'étaient pas ; aussi la Hollande, à l'époque de sa grandeur, se couvre de canaux qui vont jusqu'au cœur du pays chercher les produits pour les transporter économiquement ; de même, au milieu de l'éclat de son règne,

Louis XIV n'oublie pas la canalisation, auxiliaire indispensable de notre agriculture et de notre commerce intérieur en ce temps.

Les canaux sont certainement, parmi les voies artificielles, celles qui résolvent la question à meilleur marché, mais ils ont l'inconvénient de la lenteur et surtout des chômages indispensables pour les réparations.

Ces deux inconvénients devenaient plus évidents à la fin du dix-huitième siècle, au moment où la grande industrie commençait à se former. Il fallait arriver à un mode de transport rapide, économique, et ne présentant pas d'intermittence.

Les chemins de fer donnent évidemment la solution complète du problème à résoudre. Le premier élément de succès des chemins de fer consiste dans la machine locomotive, qui peut être considérée, sans être taxé d'exagération, comme le type mécanique à la fois le plus puissant sous un petit volume, le mieux conçu au point de vue de la perfection des organes et le plus élégant comme aspect extérieur. La suite des perfectionnements que nous allons indiquer rendra lucide, nous l'espérons, la description des locomotives actuelles par laquelle nous terminons cette livraison.

Dès l'origine, on sentit que la machine à vapeur inventée récemment, était appelée à faciliter d'une manière extraordinaire les transports. Des hommes de génie travaillèrent dans cet ordre d'idées.

Les premiers essais furent infructueux quant à leurs résultats immédiats, parce que les inventeurs, devançant le temps, voulaient faire circuler des voitures à vapeur sur les routes ordinaires. Mais leurs efforts ne furent pas perdus : leurs observations dominent l'idée et préparent le succès des chemins à voies ferrées.

Le premier mémoire connu sur les voitures à vapeur pour routes ordinaires, parut vers 1767. L'auteur est un officier suisse nommé Planta, qui du reste ne fit aucune expérience.

En 1769, Nicolas-Joseph Cugnot, ingénieur français, né à Void, en Lorraine, expérimenta à Paris le premier chariot à vapeur.

Son invention avait eu un grand retentissement avant l'essai; aussi de hauts personnages tels que le ministre Choiseul et le général Gribeauval assistaient à l'expérience.

Le succès ne répondit pas à l'attente générale : la machine était trop faible pour vaincre le frottement des roues sur le sol, aussi le chariot eut beaucoup de peine à se déplacer lui-même et ne put rien remorquer. Mal dirigé, il alla donner contre un mur qu'il ébranla fortement.

Cette malheureuse tentative jeta la défiance sur la nouvelle découverte, et éloigna pour longtemps la sympathie générale de cet ordre d'idées.

Le chariot de Cugnot (1), dont nous donnons ci-joint le dessin, se compo-

sait d'un brancard fixé et non suspendu à deux essieux. Celui d'arrière seul avait deux roues.

A l'avant était une chaudière ordinaire, analogue par la forme à celle d'un alambic, et placée sur un fourneau.

Par un tube traversant le couvercle, la vapeur était menée à deux cylindres verticaux en bronze. Chacun de ces cylindres était ouvert par le bas, car à cette époque on ne connaissait que la machine à simple effet. La tige du piston terminée en fourche embrassait une espèce de roue à rochet. Ces deux engrenages étaient fixés sur la fusée d'avant et commandaient ainsi la roue.

Une manivelle placée sous la main du conducteur permettait de dévier le chariot en faisant tourner la cheville ouvrière qui porte la roue d'avant.

Enfin, un panier d'osier sous le brancard portait la provision de charbon. Quant au renouvellement de l'eau, l'inventeur n'y avait pas pourvu ; on était obligé de s'arrêter tous les quarts d'heure pour remplir la chaudière.

Parmi tous les détails primitifs de cette locomotive embryonnaire, on doit remarquer à la louange de Cugnot qu'il avait saisi la nécessité d'avoir deux cylindres afin de pouvoir franchir les points *morts* (2).

____

(1) On voit encore ce chariot au Conservatoire des Arts-et-Métiers, dans la nef des machines en mouvement.

(2) En mécanique, on nomme points morts ceux qui correspondent aux changements de

On comprend facilement le mauvais résultat de ces premiers essais : la machine n'était pas assez perfectionnée pour donner la force nécessaire ; d'un autre côté, le peu de surface des chaudières était un obstacle invincible à la production d'une quantité suffisante de vapeur.

Ce n'est qu'aujourd'hui, après un siècle de progrès, qu'on peut appliquer avec succès la vapeur à la locomotion sur les routes ordinaires.

Cugnot constatait que la faiblesse de la pression avait été une des grandes difficultés au succès de sa tentative. Oliver Evans, en Amérique, mit à profit cette remarque et essaya d'appliquer à la locomotion la machine à haute pression qu'il venait d'imaginer. Dans une expérience à Philadelphie, la machine fit quatre kilomètres à l'heure ; mais elle avait encore des défauts trop nombreux pour être admise dans la pratique.

Dès lors, on abandonna les machines routières, et on chercha l'application du moteur de Watt au transport sur les voies ferrées.

Depuis longtemps déjà on avait remarqué que l'effort de traction d'un véhicule est singulièrement diminué si, au lieu de faire suivre aux roues le

direction du piston ; une machine sans volant, à un seul cylindre, ne pourrait franchir ce point, car à cet instant la puissance motrice est nulle.

Pression. Lorsque la vapeur se produit dans un appareil fermé, elle reste en contact et remplit l'espace libre ou réservoir de vapeur. Si par une cause quelconque une portion de cette vapeur venait à disparaître, la partie restante tendrait à se dilater en diminuant de pression, conformément à la loi de Mariotte ; mais le liquide n'étant plus soumis à la loi de la pression qui le tenait en équilibre, entrerait en ébullition jusqu'à ce que la vapeur fût accumulée dans le réservoir en quantité assez grande qui fait équilibre à la tension propre du liquide.

Au contraire, si l'on cessait de comprimer la vapeur, sa force élastique cesserait de faire équilibre à la force répulsive intérieure des particules, et il y aurait condensation. On dit dans ce dernier cas que la vapeur est à saturation.

La température de la vapeur à saturation, en contact avec le liquide qui l'a produite, est nécessairement égale à celle du liquide, car, sans cela, il y aurait ébullition.

On s'est appliqué à établir, par des expériences très-multipliées, le rapport qui existe entre la température à laquelle a lieu l'ébullition et la pression exercée sur le liquide par la vapeur, ou, ce qui revient au même, la relation existante entre la température et la force élastique de la vapeur à saturation, afin de pouvoir déduire indistinctement l'un de ces éléments de l'autre. On ne considère habituellement que la vapeur à saturation, et lorsqu'on se sert de l'expression : *force élastique de la vapeur*, c'est de la force élastique à saturation que l'on veut parler.

Cette force élastique ou pression s'exprime généralement en atmosphères. On l'exprime aussi par le nombre de kilogrammes, par centimètre carré, auquel elle correspond, ce nombre est à peu près équivalent au nombre d'atmosphères, puisqu'une atmosphère représente 1 k. 04 par centimètre carré.

(Note extraite du *Guide du mécanicien-constructeur*, de MM. Le Chatelier, Flachat, Petiet, Polonceau.)

sol raboteux, on les dirige sur une surface unie, par exemple une suite de traverses de bois ou de métal.

C'est en 1646 que l'on mit, pour la première fois, cette remarque à profit. Dans une mine d'Angleterre, on fait pour le transport de la houille des wagons à quatre roues : celles-ci roulent sur une suite de planches disposées bout à bout, et sont guidées par une tige s'engageant dans une rainure.

Pendant un siècle, cette disposition ne subit pas beaucoup de changements; la rainure est seulement remplacée par des rebords saillants pour maintenir les roues.

Jusque là on avait conservé des essieux et des roues ordinaires. Vers 1760, on commence à caler les roues sur les essieux : ceux-ci tournent dans des boîtes à graisse et sont parallèles pour un même wagon, ce qui diminue beaucoup les chances de déraillement.

En 1767, la fonte étant arrivée à des prix abordables, Reynolds l'emploie à la fabrication des rails d'une mine qu'il exploitait : ce perfectionnement diminue de plus de moitié l'effort nécessaire à la traction (1).

Mais à cette époque on en était toujours aux chemins de fer à ornières dans lesquelles s'accumulaient de la boue et des débris; l'on remarquait que les chemins devenaient beaucoup plus difficiles après un certain temp de service que lorsque ils étaient neufs.

En 1789, Jessop proposa de faire des rails saillants toujours en fonte; mais il fallait une disposition spéciale pour le guidage. On imagina de faire porter des rebords aux roues elles-mêmes et de cette manière, on put conserver propres les surfaces des rails; l'effort de traction fut beaucoup amoindri relativement au système à ornières.

Mais les rails de fonte présentaient de grands inconvénients; leur faible longueur nécessitait des joints nombreux : ceux-ci causaient des cahots successifs qui faisaient perdre une partie du bénéfice de l'invention.

Ce n'est qu'en 1820 qu'on arriva à faire des rails en fer laminé; dès lors, la voie est créée, nous n'avons pas à suivre l'histoire de ses perfectionnements.

Sur ces premières voies de bois ou de fonte, les véhicules étaient traînés tout simplement par des chevaux ou par des hommes.

---

(1) Sur routes ordinaires, le coefficient du frottement de roulement est 1/30.

$$\left.\begin{array}{ll} \text{Sur bois.} \dots\dots\dots & 1/70 \\ \text{Sur fonte.} \dots\dots\dots & 1/700 \end{array}\right\} \text{à l'état neuf.}$$

En 1804, deux constructeurs anglais, Trevithick et Vivian, eurent l'idée de remplacer les chevaux dans les mines par une machine de leur invention, qu'ils avaient vainement essayée sur les anciennes routes. Sur les rails de fonte, cette machine put remorquer 10 tonnes à 14 kilomètres et demi; sa vitesse était de 8 kilomètres à l'heure.

Cette première locomotive consistait en une chaudière à foyer intérieur.

Des deux côtés de cette chaudière venaient deux cylindres à vapeur placés obliquement. Ils commandaient par l'intermédiaire de bielles et de manivelles les deux roues d'avant. Cet ensemble non suspendu subissait des chocs considérables. A cause du mouvement des bielles obliques, on donna à ces machines le nom de *scieurs de long*.

A cette époque, l'idée dominante est que l'on rencontre de grandes difficultés à cause du défaut d'adhérence (1) des roues sur la surface polie des rails. Cette idée conduisit d'abord à pratiquer des rainures transversales sur les jantes des roues, ou de les garnir de clous. Enfin, en 1811, M. Blenkinsop construisit une machine portant au milieu une roue dentée qui s'engrenait avec une crémaillère placée entre les deux files de rails.

Nous donnons (pl. VI, fig. I), le dessin de cette machine. On voit qu'elle n'avait rien de commun avec les locomotives actuelles.

En 1813, Blackett, ingénieur au chemin de fer de Wylam, montra par de nombreuses expériences que l'adhérence des roues sur les rails est assez énergique pour fournir un point d'appui à la locomotive, à la condition toutefois que le poids de celle-ci soit suffisant. En effet, les surfaces de la jante et du rail ne sont jamais parfaitement polies; en sorte que les roues avancent en tournant grâce aux rugosités. Si les rails sont trop polis, ce qui arrive lorsqu'ils sont humides, dans un tunnel par exemple, alors, malgré la charge qui agit sur elles, les roues motrices tournent sans avancer, et on dit qu'elles *patinent* (2). On y remédie aujourd'hui en faisant tomber du sable entre les deux surfaces. On crée ainsi des aspérités artificielles, et le démarrage se fait.

Cette même année 1813, un ingénieur nommé Brunton construisit une machine (3) sans crémaillère, dans laquelle on n'avait pas à craindre le pati-

____

(1) Pour l'adhérence, voir la note à la fin de la livraison.

(2) Sur une voie ordinaire à rails bien entretenus, on admet que l'adhérence est 1/6 du poids que portent les roues motrices; mais quand les rails deviennent glissants cette adhérence descend souvent à 1/10.

(3) Voir pl. VIII, fig. 2.

nage des roues. Les cylindres commandaient deux jambes mobiles placées à l'arrière ; celles-ci se soulevaient et s'abaissaient alternativement ; par de véritables semelles, elles appuyaient sur le sol, et la réaction faisait avancer la locomotive.

En 1814 paraît la première machine de George Stephenson. Ce travailleur infatigable est trop illustre parmi les inventeurs pour que nous passions son histoire sous silence (1).

Né en 1781, dans un des pays houillers du nord de l'Angleterre, George Stephenson s'était senti, jeune encore, une irrésistible vocation pour la mécanique. Malheureusement, le peu de ressources de sa famille le força de travailler dès son enfance au rude métier de mineur ; mais, grâce à son désir d'instruction, il parvint à économiser sur sa paye et sur son temps, et sut bientôt lire et écrire.

Il apprit, pour ainsi dire, seul le métier de constructeur de machines, et, ses dispositions naturelles aidant, il devint fort habile après quelques visites dans un atelier voisin de la mine.

Ses débuts dans la vie furent malheureux : marié à vingt et un ans, il était veuf deux ans plus tard, complétement sans ressources. Sa nature énergique devait triompher complétement de la mauvaise fortune ; il trouva dans son modeste salaire de quoi continuer ses essais et subvenir à l'entretien et l'éducation de son fils Robert, dont il voulait faire un ingénieur plus capable que lui.

Robert suivit avec distinction le cours de l'Université d'Édimbourg. En 1823, il commença à étudier la théorie et la partie manuelle de la mécanique sous les yeux de son père, devenu constructeur à Newcastle.

Au bout de deux ans, il partit exploiter des mines en Colombie, et en 1828 revint à la maison paternelle collaborer avec George à la question si nouvelle des chemins de fer. Nous dirons tout à l'heure le succès auquel ils sont arrivés.

En 1833, ses qualités d'ingénieur étant universellement appréciées, il fut chargé de construire le chemin de fer de Londres à Birmingham. Mais le monument le plus imposant de son génie est le gigantesque pont Britannia, au-dessus du détroit de Menan, pont qui joint l'île de Man à l'Angleterre. Il consiste en deux énormes tubes en tôle de 450 mètres de long. Les trains

(1) Cette notice sur les Stephenson est extraite du *Traité élémentaire des chemins de fer.* de M. Perdonnet.

passent dans l'intérieur de ces tubes à 120 pieds au-dessus de la mer.

Cette œuvre merveilleuse était le premier pont de tôle du monde entier. Sa parfaite réussite décida la construction des nombreux ponts métalliques si répandus aujourd'hui dans les chemins de fer.

La renommée de Robert Stephenson l'appela, en 1847, au parlement anglais, mais, au milieu des splendeurs de la vie officielle, il n'oublia jamais qu'il était le fils du pauvre ouvrier mineur de Newcastle qui, la nuit, travaillait à raccommoder des montres afin de gagner de l'argent pour l'instruire. Cet ingénieur illustre est mort prématurément en 1853.

Cette rapide notice sur les deux Stephenson fera comprendre à nos lecteurs le caractère de ces hommes de génie auxquels on doit des progrès si importants dans l'art des chemins de fer.

Ce fut pour la mine de Killingworth que George Stephenson construisit, en 1813, sa première machine (1).

Elle se composait d'une chaudière à foyer intérieur portant à l'avant un tuyau de cheminée. Par l'intermédiaire d'un châssis, elle reposait sur trois essieux. Sur la chaudière étaient deux cylindres verticaux, l'un à l'avant, l'autre à l'arrière. La tige du piston commandait une barre horizontale placée transversalement. A chaque extrémité de cette barre s'articulait une bielle qui avec une manivelle commandait une roue motrice. En outre, les trois essieux étaient reliés par une chaîne sans fin passant sur des pignons au milieu d'eux. Ces cylindres verticaux évitaient les réactions horizontales, mais, placés à l'avant et à l'arrière, ils imprimaient un furieux mouvement de *galop* (2) à la locomotive.

La chaudière avait 2^m44 de long, une capacité de 6^m135; elle présentait une surface de chauffe de 4 mètres carrés. Sur une pente de 0^m002 par mètre, elle put remorquer 30 t. 1/2 avec une vitesse de 6 k. 05 à l'heure.

Pour parer au mouvement de galop résultant de la disposition des cylindres, Stephenson, sur les conseils de Booth, essaya un mode de suspension fort ingénieux : il adapta sous la chaudière deux petits cylindres par essieu ; chacun renfermait un piston solidaire avec la boîte à graisse et poussé à sa surface supérieure par l'eau de la chaudière. Mais cette disposition causait des fuites inévitables à cette époque où l'art de construire les machines était encore à son début, et on dut bientôt l'abandonner.

(1) Voir pl. VIII, fig. 3.
(2) Pour le mot *galop*, voir la note *stabilité* à la fin de la livraison.

Du reste, les ressorts d'acier remplissaient le même but d'une manière beaucoup plus simple ; et malgré leur prix très-élevé, Stephenson les appliqua à la suspension de ses machines. Depuis cette époque, grâce aux progrès de la métallurgie, l'acier est beaucoup meilleur marché, et ce système est aujourd'hui universellement adopté.

George Stephenson construisit, en 1815, sa première machine à ressorts, et lui fit subir, jusqu'en 1829, une foule de modifications de détails qui devaient l'amener à la perfection.

Ainsi, vers 1820, il assura l'alimentation de la chaudière avec une pompe foulante mue par le mécanisme lui-même, et puisant l'eau dans un *tender* ou chariot d'approvisionnement attelé à la suite de la locomotive. C'était là un progrès très-important, car jusqu'alors on était obligé d'arrêter à chaque instant pour prendre l'eau nécessaire à la chaudière. Vers 1825, ces machines pesaient 10 tonnes et en remorquaient 30 à une vitesse de 10 kilomètres à l'heure.

A cette époque, Hackworth, remarquant que la chaîne sans fin éprouvait un frottement énorme sur les pignons, imagina de la remplacer en réunissant les roues motrices par une bielle d'accouplement. On arriva ainsi à la machine représentée *pl.* VIII, *fig.* 7. Enfin, l'année suivante, il eut l'idée de disposer les cylindres des deux côtés de la chaudière ; tous deux commandaient le même essieu. Il conserva les bielles d'accouplement de son invention pour renvoyer le mouvement à l'autre paire de roues, et utiliser ainsi pour l'adhérence tout le poids de la machine.

Le mécanisme étant trouvé, on était seulement arrêté par la faible puissance vaporisatrice des chaudières. Ceci tenait au peu de surface de chauffe dont on pouvait disposer, et cet obstacle paraissait invincible.

En 1827, George Stephenson trouva le moyen d'activer le tirage par un jet dans la cheminée, mais la production de vapeur était encore insuffisante.

Cette même année, un Français M. Séguin aîné, ingénieur du chemin de fer de Saint-Étienne à Lyon, créé depuis 1823, réalisa un important progrès par l'invention des chaudières tubulaires.

« *Séguin l'aîné est neveu de Mongolfier* (1) ; *ainsi, par une coïncidence bizarre, l'inventeur de la locomotive à grande vitesse est le neveu de l'inven-*

______

(1) Perdonnet. *Traité des chemins de fer.* Il est le premier qui ait fait remarquer ce fait singulier.

teur des ballons. Mongolfier rencontra dès le début dans ses essais un enthou-
siasme immense, Marc Séguin ne trouva que de la froideur et même des décep-
tions pour son admirable découverte destinée à changer la face du monde.

« Le futur inventeur des chaudières tubulaires naquit à Annonay, le
20 avril 1786. Son éducation première fut d'abord négligée, et peut-être
serait-il resté ignorant si ses heureuses dispositions n'avaient été devinées
par son oncle.

« En 1820, il signalait son génie par un coup de maître. On s'occupait de
construire des routes dans toute la France, mais, pour en tirer tout le parti
possible, il fallait trouver un système de ponts économiques pour les voies
de moyenne importance. Séguin eut l'idée des ponts en fil de fer ; après
avoir fortifié sa conviction par de nombreuses expériences, il fit le projet
d'un pont en fil de fer. Sa ténacité triompha de l'opposition des ingénieurs
de l'État, et il construisit le pont de Tournon à titre d'essai. La dépense fut
de 200,000 francs, trois fois moindre que pour des arches en pierre. En
peu d'années, quatre cents ponts de cette espèce furent établis sur différents points de l'Europe, et, depuis quelques années, les Américains, pour
passer le Niagara, ont fait un viaduc en fil de fer. »

Vers 1825, Séguin aîné, associé avec Mongolfier fils, fit les premières
tentatives de navigation à vapeur sur le Rhône. Il employa la chaudière tubulaire, dont il ne pressentait pas encore l'importance.

Cette année-là, avec ses frères, il obtint la concession du chemin de fer
de Saint-Étienne à Lyon, et dès 1827 appliqua la chaudière tubulaire à la
locomotive. En février 1828, il prit un brevet pour son invention, mais il
ignorait le tirage artificiel de Stephenson avec injection de vapeur, et lan-
çait sur le foyer un courant d'air forcé par des roues à palettes mues par la
machine.

Aussi ce ne fut que l'année suivante (1829) que tous les perfectionnements que nous venons d'indiquer réunis dans *la Fusée,* eurent un succès
tel qu'ils fixèrent le type des locomotives, qu'on imite encore aujourd'hui.

Comme Robert Stephenson, Marc Séguin se distingua dans le tracé des
nouvelles lignes de chemins de fer. L'exécution du chemin de Saint-Etienne
à Lyon présentait de grandes difficultés. Le terrain était très-accidenté ; les
ingénieurs de l'époque proposaient une succession de paliers et de plans
inclinés. Sur ces derniers, les trains auraient été remorqués par des machines fixes, comme cela avait lieu sur beaucoup de lignes anglaises.

Séguin, pressentant l'avenir, avait deviné l'importance future des chemins de fer ; il n'hésita pas à engager sa responsabilité et sa fortune dans ces travaux pour arriver à une pente maximum de 5 millimètres par mètre, et donner aux courbes un rayon toujours supérieur à 500 mètres.

De cette façon, la première ligne pouvant donner lieu à une grande exploitation était créée ; nous avons dit comment notre compatriote arriva à la chaudière indispensable au moteur, mais c'était aux Stephenson qu'était réservée la gloire de réunir tous les perfectionnements dans une même machine.

Aussi il eut une destinée beaucoup moins brillante que ses émules d'Angleterre et termina sa carrière presque dans l'obscurité.

Maintenant que nos lecteurs connaissent l'homme, nous pensons qu'ils liront avec plaisir la description de son œuvre.

Les anciennes chaudières des premières locomotives étaient à foyer intérieur, comme celles des machines fixes. Séguin composa la sienne de trois parties :

La boîte à feu,

Les tubes,

La boîte à fumée.

La *boîte à feu* placée à l'arrière a une forme rectangulaire ; elle est entourée d'eau de tous côtés, sauf le dessous qui est occupé par la grille.

La *boîte à fumée* à l'avant est cylindrique et dans le prolongement de la chaudière. Elle est surmontée de la cheminée, et traversée toujours par les tubes, qui viennent des tiroirs et produisent le jet de vapeur nécessaire au tirage.

Enfin, ces deux capacités sont réunies par des *tubes* en laiton de 4 à 5 centimètres de diamètre. Ces tubes, complétement entourés d'eau, sont traversés par la flamme et présentent ainsi une très-grande surface de chauffe ; le feu pénètre pour ainsi dire l'eau et produit en peu de temps une grande quantité de vapeur.

Concours de Liverpool, 1829. — Au mois d'octobre 1829, les directeurs du chemin de fer de Liverpool à Manchester étaient indécis sur le mode de traction des véhicules de leur ligne.

Les machines fixes successives remorquant les trains à l'aide de câbles présentaient un moyen sûr mais défectueux à cause de son intermittence ;

aussi, aujourd'hui, ce procédé est tout à fait abandonné. Il n'en existe actuellement qu'un seul exemple, à Liège, en Belgique ; encore les embarras qu'il produit dans la circulation de la ligne font regretter à la compagnie de n'avoir pas fait des travaux même très-coûteux pour éviter ce plan incliné.

On n'était pas éloigné d'employer tout simplement à la traction des chevaux, qui avec de bons attelages et des relais bien organisés, permettaient d'arriver à une vitesse de 10 milles (18 kilomètres à l'heure).

Enfin, on pouvait utiliser les locomotives, mais leur faible vitesse et les préventions qu'on avait à cette époque contre ces machines semblaient devoir les exclure.

La compagnie offrit un prix de 500 livres sterling pour la machine capable de remorquer un train avec une vitesse de 15 milles (27 kilomètres à l'heure). Tous les constructeurs d'Angleterre présentèrent des moteurs de leur invention. *La Fusée* de Robert Stephenson donna entre toutes les locomotives les meilleurs résultats. Elle fit le trajet avec une vitesse de 45 kilomètres à l'heure, dans des conditions de manœuvre et de commodité inconnues jusqu'alors.

La Fusée était portée sur deux essieux ; la chaudière était suspendue par des ressorts d'acier ; les boîtes à graisse glissaient entre deux plaques de garde en tôle, comme cela se pratique aujourd'hui. Les cylindres étaient inclinés à environ 30°, et placés de part et d'autre du corps tubulé. Il n'y avait qu'un essieu moteur, et par suite pas de bielle d'accouplement. Les roues étaient en bois renforcé de fer.

A l'arrière était une galerie en porte-à-faux pour le chauffeur et le mécanicien.

Enfin, la manœuvre des tiroirs pour les changements de marche ou de vitesse, et aussi pour les arrêts, était produite en agissant au moyen de manettes sur un ensemble de quatre tiges allant de l'arrière à l'avant, et formant un parallélogramme articulé.

La *fig.* 5, *pl.* VI, représente cette machine. Stephenson, pour lui donner un aspect agréable, l'avait décorée de moulures. Mais on remarqua bien vite les inconvénients de cette ornementation. La poussière s'accumulait dans les vides, et l'entretien était fort difficile ; aussi maintenant évite-t-on toute décoration dans les locomotives aussi bien que dans les machines fixes.

DESCRIPTION DES LOCOMOTIVES ACTUELLES.

Dans la description des locomotives actuelles, nous allons à peu près résumer tous les perfectionnements laborieux que nous venons d'indiquer :

Une locomotive se compose essentiellement de trois parties :

1° Une chaudière munie de son foyer et de sa cheminée ;

2° Un mécanisme moteur composé de cylindres, pistons, bielles et manivelles ;

3° Un train de voiture consistant en un grand cadre rectangulaire porté sur roues et essieux.

Nous allons prendre pour exemple la locomotive du Creusot, représentée pl. IX.

Anciennement, le mécanisme était fixé sur la chaudière, comme nous l'avons vu dans les locomotives à cylindres verticaux, même dans *la Fusée* de Stephenson. Cette disposition était vicieuse en ce que les dilatations de la chaudière se faisaient sentir sur le mécanisme dont elles dérangeaient la précision.

Dans la locomotive du Creusot, le mécanisme est fixé entre deux châssis, en sorte qu'il n'est plus dérangé par les variations de longueur de la chaudière.

Chaudière. — Elle a une longueur de $4^m,250$ et un diamètre de $1^m,630$.

Elle est en tôle, à rivure simple, c'est-à-dire qu'il n'y a qu'une seule rangée de rivets pour réunir les deux parties.

La boîte à feu, qui est à l'arrière, a une longueur de $2^m,19$, une largeur de $1^m,250$, ce qui donne pour la grille une surface de $2^m,20$.

La longueur de $2^m,19$ a nécessité de faire les barreaux en deux parties, ce qui a permis de donner des inclinaisons différentes.

Le sommet de cette boîte à feu arrive à la hauteur du corps cylindrique.

Le ciel est consolidé par des armatures assez fortes pour résister à l'énorme pression de la vapeur (9 à 10 atmosphères)(1).

____

(1) Il est démontré que la double rangée de rivets, utilisée en totalité ou partiellement sur une chaudière, a diminué dans plusieurs cas les conséquences fâcheuses des explosions.

La paroi intérieure est en cuivre rouge. On a choisi ce métal pour plusieurs raisons :

1° Le cuivre rouge est un bon conducteur, capable plus que tout autre d'utiliser toute la chaleur rayonnante du foyer ;

2° Il se brûle moins facilement que le fer, et d'un autre côté lorsqu'il est hors de service, on peut le vendre pour la refonte aux trois quarts du prix d'achat.

Toutes les autres parties de la chaudière, sauf les tubes en laiton, sont en tôle de fer. Depuis quelques années on élève la pression de la vapeur ; aussi malgré l'augmentation de prix, on commence à remplacer la tôle de fer par la tôle d'acier (1).

A l'avant, est la boîte à fumée dans le prolongement du cylindre ; elle a une longueur de 1 mètre. Elle est traversée par quatre tuyaux dont deux amènent la vapeur neuve aux cylindres. Dans ce passage à travers la flamme, elle acquiert une légère surchauffe. Les deux autres tubes viennent des tiroirs et servent à l'évacuation ; ils se réunissent et produisent le tirage artificiel.

La boîte à feu et la boîte à fumée sont réunies par 180 tubes en laiton de 5 centimètres de diamètre.

La longueur des tubes est $4^m 30$. La surface de chauffe de ces tubes est 113 mètres ; avec celle fournie par la boîte à feu, ce qui donne $115^m 20$ de surface totale.

Ces tubes ont outre l'avantage de présenter une grande surface de chauffe, celui d'empêcher la déformation de la chaudière en faisant un entretoisement de l'avant à l'arrière.

A cause du courant de fumée qui les traverse ils s'encrassent facilement ; aussi est-on obligé de les nettoyer après une journée de circulation ; ce nettoyage est du reste facile à faire.

L'alimentation des chaudières est faite automatiquement depuis Stephenson : le mécanisme met en mouvement des pompes qui y refoulent l'eau venant du tender. Ce procédé ingénieux a été suivi pendant quarante ans sans modification ; mais il présentait divers inconvénients de détail qui le font abandonner aujourd'hui pour un autre mode d'alimentation. Ainsi, il était impossible d'introduire de l'eau pendant les arrêts.

D'un autre côté, ce mécanisme ajouté à tant d'autres a l'inconvénient de

(1) M. Mantun. *Cours de l'École centrale.*

compliquer une machine que l'on doit chercher avant tout à simplifier. L'injecteur Giffard permet de parer à tous ces inconvénients; aussi depuis quelques années il s'est répandu rapidement dans les locomotives. Le principe de l'appareil consiste à produire un jet de vapeur au centre d'un tube; on détermine ainsi une aspiration, et l'eau du tender arrive à la chaudière.

La locomotive que nous décrivons porte latéralement un Giffard vertical indiqué dans la *fig.* 2 (1).

A l'arrière au-dessous de la soupape de sûreté K est le dôme de prise de vapeur. Le tube de prise part de ce dôme, traverse toute la longueur de la locomotive, réchauffe ainsi la vapeur, et arrive dans l'avant au régulateur M contenant la soupape manœuvrée par le mécanicien, et qui est surmontée du sifflet-signal.

Une troisième capacité entre les deux est le sablier; il contient du sable toujours sec qu'un tuyau courbe amène au besoin sous la roue motrice d'avant pour faciliter le démarrage.

Mécanisme. — Il consiste en cylindres, pistons, bielles manivelles et organes de changement de marche.

Les cylindres sont à l'avant, disposés horizontalement entre les châssis.

Les tiroirs sont intérieurs par rapport aux cylindres; cette disposition un peu gênante au point de vue de l'entretien, a l'avantage de raccourcir les conduites de vapeur et par suite d'éviter les déperditions de chaleur.

Les deux châssis permettent de fixer les cylindres d'une façon très-solide et de placer commodément les glissières et autres pièces du mécanisme. Les tiges des pistons sont renforcées de manière à n'être pas affaiblies par les attaches aux têtes de bielles.

Elles commandent ainsi la première roue d'avant, et des bielles renvoient le mouvement à la seconde paire de roues motrices.

Ces roues, d'un diamètre de 2^m. 10, sont chargées de 9 tonnes pour chaque paire. Ceci leur donne une adhérence suffisante pour les faire en quelque sorte engrener avec les aspérités des rails; aussi elles ne peuvent tourner qu'en faisant avancer la locomotive.

A l'avant et à l'arrière, les roues n'ont que 1^m 30 de diamètre; elles ser-

____

(1) Dans une prochaine livraison, nous donnerons la description des injecteurs Giffard

vent à éviter les porte-à-faux du foyer et de la boîte à fumée ; en outre, on a l'avantage de ne pas attaquer les courbes avec une roue motrice.

Changement de marche. — Depuis Stephenson, toutes les locomotives sont munies de leur coulisse pour commander le tiroir et produire ainsi changement de vitesse, arrêt, ou même contre-vapeur.

Le mouvement de commande du tiroir a beaucoup d'analogie avec la commande de l'essieu moteur. C'est pour ainsi dire le même système renversé, car ici le mouvement vient de l'arbre ; au lieu d'une manivelle, c'est un excentrique qui commande la bielle. Pour un même tiroir, on a deux excentriques calés à 90° ; l'un est pour la marche en arrière, l'autre pour la marche en avant. La coulisse de Stephenson a précisément pour but de faire commander par l'un ou l'autre. Il suffit de soulever la tige du tiroir fixée à cette coulisse. Une position intermédiaire entre les deux excentriques empêche l'introduction et arrête la machine.

Pour la commande de la coulisse, on a un levier placé à gauche du mécanicien, et indiqué *fig.* 2 à côté de l'injecteur Giffard.

La locomotive que nous étudions appartient à la catégorie des machines *mixtes.* Sur nos grandes lignes, elles servent à remorquer les trains *mixtes,* c'est-à-dire composés en partie de wagons à voyageurs, en partie de wagons à marchandises. Elles font aussi la traction des trains omnibus ; ce sont les trains de voyageurs ordinairement très-chargés qui s'arrêtent à toutes les stations, et par suite n'ont pas besoin d'une grande vitesse.

Aussi ces locomotives sont intermédiaires entre les machines à marchandises et les machines à voyageurs : les machines pour trains express n'ont qu'une seule roue motrice ; celles pour marchandises ont toutes leurs roues couplées ; celle-ci sur quatre paire de roues a deux manivelles réunies par des bielles d'accouplement.

NOTICE SUR LES PRINCIPAUX TYPES DE LOCOMOTIVES.

SOMMAIRE : Machines à trains de voyageurs. — Locomotives américaines. — Machines Crampton. — Machines à marchandises. — Machine Engerth. — Machines-tender. — Machines PÉTIET. — Matériel articulé. — Locomotives Arnoux. — Franchissement de fortes rampes. — Proposition de M. Flachat. — Système Steyerdorff. — Machines pour le Mont-Cenis. — Contre-vapeur.

Nous allons terminer par la description sommaire des principaux types de locomotives employés aujourd'hui, sans répéter la partie de la description qui est commune à celle dont nous venons de nous occuper; nous dirons le principe et les dispositions spéciales de chaque système.

Machines à trains de voyageurs. — Les locomotives américaines à voyageurs sont les plus différentes de celle que nous venons de décrire, tant au point de vue de l'aspect intérieur qu'à celui de la disposition des essieux.

En Amérique, pour éviter des travaux qui ont l'inconvénient non-seulement d'être coûteux mais surtout de demander beaucoup de temps, on préfère franchir des courbes de petits rayons et construire un matériel roulant en conséquence. Les locomotives reposent sur quatre essieux parallèles deux à deux; les deux d'arrière reçoivent les roues motrices, et tout le mécanisme est placé de ce côté (1). Celles d'avant servent seulement de supports; elles sont petites et très-rapprochées, et leur ensemble peut tourner autour d'une cheville ouvrière sous le châssis général.

Les roues d'arrière maintiennent suffisamment la machine pour éviter les déraillements; aussi le franchissement de petites courbes se fait sans difficulté, mais la petitesse des roues d'avant est un obstacle qui empêche d'arriver à de grandes vitesses. D'un autre côté, la limite des charges qu'on peut traîner est assez faible, puisqu'on ne peut avoir tout au plus que deux roues motrices.

Ces locomotives sont surmontées d'une énorme cheminée et d'un dôme très-lourd; aussi à première vue sont-elles très-différentes de celles em-

(1) Plusieurs locomotives de ce type figuraient dans la section américaine à l'Exposition de Paris.

ployées en Europe. La place du mécanicien à l'arrière est couverte par un petit toit-abri; du reste, ce petit perfectionnement commence à se répandre chez nous.

Machines Crampton. — Ces locomotives sont les plus universellement adoptées pour les trains *express*, c'est-à-dire à très-grande vitesse et arrêts peu fréquents. L'inventeur anglais qui leur a donné son nom n'a pu le faire accepter pour les chemins de fer de son pays; c'est auprès des Compagnies françaises qu'il a trouvé le plus bienveillant accueil. Ce fait prouve une solidarité industrielle tout à fait à l'honneur de notre époque, et au moment où le Creusot fournit des machines aux chemins de fer anglais, on peut signaler ce fait d'un ingénieur étranger voyant son idée exploitée dans notre pays avant de la voir adoptée dans le sien.

Quoi qu'il en soit, les machines Crampton font aujourd'hui exclusivement le service des trains express sur les lignes du Nord, de l'Est, de Lyon, et perfectionnées par nos ingénieurs, elles sont aujourd'hui très-répandues même de l'autre côté du détroit.

Elles ont les grandes roues à l'arrière, le centre de gravité très-peu élevé, les essieux extrêmes très-écartés, un foyer de grande dimension; les cylindres et le mécanisme sont placés à l'extérieur. Elles ont par suite une très-grande stabilité, une puissance modérée, et les roues ayant jusqu'à 2^m 30 de diamètre, elles peuvent acquérir une grande vitesse et remplissent parfaitement le but (1).

Du reste, cette machine est une de celles qui satisfont le mieux l'idée que nous pouvons nous faire du beau en mécanique, et le groupement de ses organes présente un ensemble satisfaisant.

Ces machines ont cependant l'inconvénient de fatiguer la voie au passage des courbes, à cause du grand écart de leurs essieux, et d'augmenter ainsi un peu les frais d'entretien. En outre, le démarrage est souvent difficile à cause de l'unique essieu moteur; mais ce n'est pas là une grave objection, puisqu'elles sont destinées aux trains express qui s'arrêtent peu souvent.

---

(1) On comprendra très-facilement que si deux machines ne diffèrent que par le diamètre des roues motrices, celle qui a les plus grandes ira le plus vite, puisque dans les deux cas le nombre de tours de l'essieu est le même, et que l'avancement à chaque tour est le développement de la circonférence des roues motrices sur les rails, développement plus grand avec les grandes roues qu'avec les petites.

Machines à marchandises (1). — Pour le service des marchandises, on a avant tout besoin de machines d'une grande puissance, la vitesse n'est que l'accessoire; aussi on réunit toutes les roues motrices par des bielles d'accouplement.

Ainsi, au chemin de l'Est, les locomotives ont leurs trois essieux couplés. Le poids supporté par chaque paire de roues se trouve être le même, en sorte que la machine, quoique pesant 27,000 kilogrammes, ne fatigue pas trop les voies.

Machine Engerth. — La ligne de Vienne à Trieste traverse une chaîne de montagnes, le Sœmmering, qui a nécessité de fortes rampes combinées avec des courbes de très-petit rayon, aussi la compagnie a longtemps cherché un type de machines qui puisse faire le service d'une manière convenable. En 1851, elle ouvrit à Vienne un concours analogue à celui de Liverpool en 1829. Beaucoup de locomotives furent présentées, le projet de M. Engerth eut le prix, mais ce ne fut que deux ans plus tard que sa machine put fonctionner.

Cette locomotive a trois essieux; tout l'arrière-train est en porte-à-faux, et par l'intermédiaire d'une cheville ouvrière vient reposer sur le châssis du tender. La première paire de roues du tender et la dernière de la locomotive se touchent presque; au moyen d'un engrenage à trois roues dentées interposé entre les deux trains, on communiquait au second les mouvements du premier; on réunissait par une bielle les deux essieux du tender en sorte qu'on avait un ensemble de dix roues motrices; le poids de la machine avec son tender complétement chargé d'eau et de charbon était de 62 tonnes; le poids total étant utilisé en adhérence, il en résultait une très-grande puissance de traction, aussi pouvait-on remorquer un train de 450 tonnes sur une rampe de 1 centième avec une vitesse de 24 kilomètres à l'heure.

Bientôt on s'est aperçu que les engrenages entre la locomotive et le tender se dérangeaient facilement, aussi dans les chemins de fer autrichiens on supprima les engrenages, et l'on se contenta de trois roues couplées; la première paire de roues du tender s'engageait toujours sous le foyer de la locomotive pour éviter le porte-à-faux

(1) Pour la plupart des machines qui suivent, les documents purement techniques sont extraits de l'ouvrage de M. Perdonnet : *Traité élémentaire des chemins de fer*.

Les bons résultats des machines Engerth dans le service des marchandises les ont fait adopter par les compagnies françaises, avec la suppression des engrenages.

La compagnie de l'Est a même augmenté le nombre des roues. Les locomotives Engerth pour marchandises ont avec leur tender six essieux.

Ces machines modifiées ont divers inconvénients; mais ces imperfections ne les ont pas empêchées de se répandre :

1° Elles créent une puissance, qui cesse d'être en rapport avec l'adhérence, si l'on renonce à l'engrenage ;

2° Elles exigent un entretien coûteux;

3° Il est difficile de désassembler la locomotive et le tender.

Machines-tender. — On désigne sous ce nom celles dans lesquelles le réservoir d'eau et le magasin à coke font partie intégrante de la machine, au lieu d'être sur un véhicule spécial. Elles portent difficilement un approvisionnement considérable d'eau et de charbon, aussi elles servent pour les trains de faible parcours comme ceux de banlieue, qui ne nécessitent pas de grandes provisions.

La Compagnie de l'Ouest emploie pour la ligne d'Auteuil une machine-tender d'un modèle particulier.

Les courbes à franchir ont à peine 250 mètres de rayon; les rampes vont jusqu'à 1 centimètre; aussi il fallait une machine très-puissante pouvant tourner facilement.

Le rapprochement des stations exigeant un démarrage rapide en tout temps; il fallait une grande adhérence.

Enfin, il était essentiel de pouvoir arrêter le train dans un temps très-court.

Des six roues qui portent cette machine-tender, quatre sont placées sous la chaudière; ces quatre-là sont couplées, les autres essieux sont un peu écartés. On a adapté un frein à vapeur, qui agit en même temps sur les deux roues d'arrière de la machine proprement dite et sur les deux roues du tender. Ce frein énergique arrête la machine beaucoup plus vite que tout autre.

C'est également avec une machine tender qu'on fait gravir aux trains la rampe de 35 millimètres, qui va du Pecq à la station de Saint-Germain-en-Laye.

Cette locomotive a trois roues, dont deux de 1^m50, et une de 1 mètre de diamètre, toutes trois motrices.

Enfin il faut classer parmi les machines-tender celles employées sur le chemin de fer du Nord pour la traction des marchandises sur les fortes rampes ou sur paliers des trains fortement chargés.

Les premières étaient portées sur quatre essieux tous couplés. Pour dégager complétement la boîte à feu des longerons, on élève la chaudière au-dessus du châssis; on est arrivé ainsi à 123 mètres de surface à chauffe; le poids de 44 tonnes se trouve également réparti sur les quatre essieux, ce qui donne pour chacun 11 tonnes, limite qu'il ne faut pas dépasser.

Dans les nouvelles machines de M. Petiet, il y a six essieux et quatre cylindres, chaque paire de cylindres commandant séparément trois essieux. L'eau et le charbon sont sur le même châssis, de part et d'autre de la chaudière.

Cet ensemble colossal pèse 65 tonnes : aussi, il n'y a pas de machine plus puissante. Mais, depuis que ces locomotives sont en circulation, on remarque que la voie s'use très-rapidement sous leur poids énorme.

Les machines-tender présentent de grandes difficultés quand on veut les retourner. Aussi, pour les lignes de banlieue, on les fait marcher indistinctement en avant et en arrière pour éviter de trop grandes plaques tournantes.

Pour les grandes lignes, on augmente le diamètre de ces plaques, la Compagnie du Nord en possède actuellement de 14 mètres de diamètre pour ses locomotives Petiet.

Matériel articulé. — Nous allons maintenant dire quelques mots du matériel spécial appliqué par M. Arnoux sur la petite ligne d'Orsay.

La difficulté du problème consistait à franchir des courbes d'un rayon tout à fait exceptionnel, qui, en certains endroits, ne dépasse pas 25 mètres. Aussi, il était absolument impossible de conserver le calage des roues sur les essieux et le parallélisme de ceux-ci.

Chaque essieu supporte le wagon par l'intermédiaire d'une cheville ouvrière, autour de laquelle il peut tourner librement. Deux chevilles ouvrières d'un même wagon sont réunies par une double traverse terminée en fourche. M. Arnoux père se servait de chaînes à la Vaucanson pour maintenir les essieux tous normaux à la voie; des galets directeurs adaptés à la première voiture guidaient celle-ci et par l'intermédiaire des chaînes.

M. Arnoux fils a supprimé ces chaînes en les remplaçant par quatre petites bielles fixées à une extrémité sur le timon rigide, et à l'autre sur des manchons pouvant glisser sur les essieux.

Ce système résout parfaitement le problème du passage des petites courbes, mais on lui reprochait de ne pouvoir employer de locomotives puissantes, puisqu'il paraissait impossible d'accoupler ses roues par des bielles rigides, et arriver à passer des courbes de 25 mètres.

En effet, les anciennes machines du chemin de fer de Sceaux étaient à essieux convergents, par conséquent présentaient peu d'adhérence.

Les nouvelles machines mixtes de M. Henri Arnoux sont portées par quatre essieux; les deux du milieu ont de grandes roues très-rapprochées et d'une largeur de 30 centimètres. Ces roues sont complétement dépourvues de bourrelets, les jantes sont parfaitement unies ; le problème de l'adhérence est résolu, mais il faut arriver à un guidage suffisant pour éviter que la machine ne sorte des rails. Ce sont des roues porteuses placées à l'avant et à l'arrière qui, au moyen de galets, ont pour mission de diriger la machine.

Ce résultat a fait proposer le système Arnoux pour le service des grandes lignes, mais sa complication, les frais considérables d'entretien, et aussi l'impossibilité de placer dans les trains articulés des wagons ordinaires, toutes ces difficultés ont fait qu'il est aujourd'hui exclusivement employé sur la ligne de Sceaux.

Comme on le voit, le système Arnoux a beaucoup d'analogie avec le système américain qui permet également de passer les courbes; mais il présente l'avantage d'être compatible avec les grandes vitesses, ce qui n'est pas possible avec le matériel d'Amérique. Peut-être l'emploi en serait-il assez facile sur les lignes de premier ordre qui traversent les pays de montagnes avec des courbes de petit rayon, on pourrait aller à petite vitesse dans les rampes et très-vite en plaine (1).

Franchissement des fortes rampes. — Le franchissement des rampes présentait un problème beaucoup plus difficile à résoudre que celui des courbes. Dans l'origine, et aujourd'hui encore sur les grandes lignes, on évite les rampes supérieures à 5 millimètres par mètre, et nous dirons tout à l'heure

(1) Perdonnet. *Traité élémentaire des chemins de fer.*

l'embarras que causait, il y a vingt-cinq ans, la remorque des trains sur la rampe du Pecq, à Saint-Germain.

Il y a longtemps M. Verpilleux, de Saint-Étienne, proposait de mettre des cylindres sur le tender, et d'y envoyer de la vapeur pour gravir les fortes pentes; on arrivait ainsi à une adhérence suffisante.

M. Flachat a proposé de généraliser le système pour les lignes exceptionnelles qui doivent franchir les grandes chaînes de montagnes. Il voulait adapter à chaque wagon deux cylindres dans lesquels on pût au besoin envoyer la vapeur. Mais la complication d'un tel matériel empêcha de faire même les expériences.

Pour un chemin dans le Banat de Hongrie, M. Steyerdorff emploie une locomotive à trois essieux couplés. Le tender est aussi à trois essieux couplés, et l'on transmet aux bielles du tender le mouvement de la roue motrice au moyen d'un petit balancier. Ce système encore compliqué, mais beaucoup plus simple que les précédents, a donné des résultats assez satisfaisants pour être continué jusqu'aujourd'hui, mais il ne s'applique qu'à de faibles vitesses; inconvénient, il est vrai, de peu d'importance dans les pays de montagnes où le franchissement des rampes est la seule difficulté.

Enfin, un système tout à fait nouveau est expérimenté en ce moment au Mont-Cenis où on établit un chemin de fer provisoire.

La voie porte trois rails au lieu de deux; ce troisième rail est disposé horizontalement un peu plus haut que les deux autres; deux paires de galets horizontaux reçoivent du cylindre le même mouvement que les roues et sont accouplés par bielles; ils saisissent le rail horizontal entre eux, et déterminent ainsi une grande adhérence. L'expérience prononcera sur l'efficacité de ce système qui, en tout cas, est une ingénieuse innovation dans l'histoire des chemins à fortes rampes, puisqu'ici il s'agit de 5 et 6 centimètres par mètre.

L'année dernière on a fait quelques essais pour donner aux locomotives un supplément d'adhérence au moyen de l'aimantation; les résultats ont été trop coûteux et pas assez décisifs pour amener une solution pratique.

Contre-vapeur. — Si la montée des pentes exige une très-grande dépense de vapeur, il n'en est pas ainsi de la descente, car, pour une forte inclinaison, les véhicules descendent d'eux-mêmes, et la locomotive a pour but de ralentir le mouvement, on marche alors à *contre-vapeur*, c'est-à-dire que le mouvement se transmet en sens inverse de la marche normale ; la descente fait tourner les roues qui transmettent le mouvement aux bielles et de celles-ci aux pistons ; les cylindres refoulent de l'air dans la chaudière, au lieu de recevoir d'elle la vapeur.

Mais, si l'on parcourt ainsi une grande distance, il arrive que la pression s'accroît à chaque instant et elle pourrait devenir dangereuse.

On a une disposition spéciale pour éviter toute explosion : cet air refoulé s'accumule dans le régulateur dont il augmente la pression, par suite ferme une soupape et ne peut entrer dans la chaudière, il sort du régulateur et s'échappe dans l'atmosphère.

MOTEURS AUTRES QUE LES LOCOMOTIVES

SOMMAIRE : Plans inclinés automoteurs. — Plans inclinés de Liége. — Système atmosphérique.

Les chevaux ne sont employés à la traction des wagons que dans quelques chemins de mines, d'usines, et dans les travaux de terrassement.

Dans beaucoup de mines, on emploie très-avantageusement les plans inclinés automoteurs, qui n'exigent aucune dépense autre que l'installation et l'entretien ; c'est lorsqu'il faut faire arriver des houilles d'un point supérieur, comme le haut d'un puits en un point plus bas. On s'arrange alors pour qu'un certain nombre de wagons pleins remonte le même nombre de wagons vides ; le mouvement se fait alors avec deux voies d'une façon très-simple et très-économique. Les plans inclinés les plus remarquables sont ceux de la compagnie d'Anzin et ceux de Rive-de-Gier.

Plans inclinés de Liége. — Ces plans sont au nombre de deux ; ils sont disposés pour le franchissement d'une butte présentant une hauteur verticale de 110 mètres sur 4,400 mètres de longueur. Chacun rachète une hauteur de 55 mètres au moyen de la même longueur horizontale (1,980 mètres) ; les pentes sont habilement graduées, faibles en haut et en bas, plus fortes au milieu. Le maximum de pente est 30 centièmes par mètre, le minimum 14 centimètres.

Ces deux plans sont séparés par un palier de 330 mètres, dont 32 dans l'alignement du plan supérieur, 166 dans l'alignement du plan inférieur, et 182 en courbe de 350 mètres de rayon.

En outre, il y a deux paliers l'un au sommet du premier plan, l'autre au pied du second.

Au pied de chaque plan, on a disposé une gare d'évitement pour recevoir les wagons qui descendraient avec une trop grande vitesse ; au sommet du second plan est aussi une gare pour loger les voitures abandonnées sur le plateau supérieur, de peur qu'elles ne soient lancées à la descente sans conducteur.

Une aiguille gouvernée par un garde excentrique met les gares en communication avec la voie principale. Les plans sont à deux voies, l'une pour la montée, l'autre pour la descente.

La circulation s'effectue toujours sur la droite, dans le sens du mouvement. La pesanteur seule suffit à la descente des convois. On les pousse sur la pente à l'aide d'une locomotive ordinaire, et on les abandonne à leur propre poids ; on est même obligé d'en modérer l'action au moyen de freins énergiques.

Mais pour la montée il faut une très-grande puissance ; ce sont quatre machines fixes de 80 chevaux chacune qui donnent la force nécessaire pour remorquer les trains ; elles font tourner chacune un arbre horizontal, sur lequel sont les poulies motrices ; sur ces poulies s'enroulent les câbles de traction.

Ces machines avec leurs chaudières sont placées sur le palier intermédiaire, et le bâtiment qui les renferme est à l'angle de deux alignements droits du palier.

Les poulies qui doivent enrouler le câble sont réunies en deux couples, de manière que deux poulies d'un même couple soient placées sur des arbres différents.

L'un sert pour le plan incliné supérieur, l'autre pour le plan inférieur ; sur ce dernier la traction se fait directement ; des poulies renvoient le câble dans l'axe de la voie.

Pour le plan supérieur, une poulie placée au sommet transforme en mouvement ascensionnel le mouvement du câble, qui est de haut en bas.

Un chariot mobile est destiné à conserver au câble une tension constante ; il est porté sur 4 roues montées sur 2 essieux, dont le premier porte en outre 2 petits galets de rapport destinés à soutenir le câble à la hauteur de la gorge de la poulie de renvoi. Ce chariot est sollicité par un poids de 7000 kil., qui peut se mouvoir verticalement dans un puits de 30 mètres de profondeur.

Système atmosphérique. — Nous terminons cette histoire des moteurs sur les voies ferrées par la description d'un système de locomotives qui, à ses débuts, inspirait une très-grande confiance aux ingénieurs, et qui dans l'esprit des contemporains devait détrôner les locomotives elles-mêmes.

Medhurst, ingénieur danois, proposait, en 1810, d'appliquer sur une petite échelle le système atmosphérique aux transports des lettres et des journaux ; il faisait voyager ces objets dans l'intérieur d'un tube. Son projet, parfaitement réalisable, n'eut pas de suites à cause de l'inopportunité.

Plus tard, Valence eut l'idée de faire voyager les personnes dans l'intérieur d'un tube de bois, sans autre moteur que la pression atmosphérique poussant un piston. Sa tentative sur la route de Brighton n'eut aucun succès.

Medhurst chercha ensuite à transmettre le mouvement d'un piston, poussé par l'air à l'intérieur d'un tube, à des wagons placés extérieurement ; une tige liée au piston traversait le tube par une rainure, celle-ci était bouchée par une soupape hydraulique ; mais ceci n'était applicable que pour les voies horizontales, aussi l'appareil fut abandonné.

La difficulté consistait à trouver un moyen efficace pour fermer parfaitement la rainure.

En 1834, l'Américain Pinkus prit, à Londres, un brevet pour boucher la rainure au moyen d'une soupape en corde.

Ce furent MM. Clegg et Samuda qui imaginèrent une soupape fonctionnant dans d'assez bonnes conditions pour être employée.

C'est une lanière de cuir continue consolidée par des lames de fer ; elle est fixée sur l'un de ses côtés au moyen d'une tringle serrée de distance en distance par des boulons à crochets. Enfin, la fermeture est rendue aussi étanche que possible au moyen d'une composition de cire et de suif, qui remplit une strie parallèle à la rainure, et sur laquelle vient s'appliquer le cuir.

L'entrée et la sortie du tube sont évasées en entonnoir pour faciliter l'introduction du piston.

Quand on donne le signal du départ, il suffit d'ouvrir une soupape d'entrée pour faire agir la pression atmosphérique derrière le piston et mettre ainsi tout le train en mouvement. La soupape de sortie s'ouvre d'elle-même quand le piston est à l'extrémité de sa course, parce qu'alors il a comprimé de l'air devant lui; elle se relève, donne passage au piston qui pressé des deux côtés par l'atmosphère s'arrête et le convoi avec lui.

Au chemin de Saint-Germain, la pente (35 millimètres) était assez grande pour que les véhicules descendissent d'eux-mêmes; mais avec une pente plus faible ou nulle, il faudrait un second tube pour produire le mouvement en sens inverse du premier.

Ce système n'est pas susceptible d'application sur les grandes lignes, puisque même à Saint-Germain il a été supprimé. Du reste dès 1844, au moment de la vogue, Robert Stephenson rédigea un mémoire sur les avantages et les inconvénients du système atmosphérique comparé aux locomotives. Bien que l'appréciation de l'auteur de *la Fusée* semblât entachée de partialité en faveur des locomotives, la pratique lui a donné raison. Aussi nous reproduisons ses arguments, extraits de l'ouvrage de M. Perdonnet :

1° Le système atmosphérique n'est pas un mode économique pour transmettre le pouvoir moteur, il est inférieur à cet égard aux locomotives et aux machines fixées avec cordages;

2° Il n'est pas capable d'acquérir et de maintenir dans la pratique de plus hauts degrés de vitesses que ceux qu'on obtient par le service actuel des locomotives;

3° Il ne produirait pas dans la majorité des cas une économie dans la construction primitive de la voie et, dans beaucoup d'autres, il augmenterait réellement les frais d'établissement;

4° Le système atmosphérique serait le plus convenable sur quelques chemins de fer de courte étendue où le mouvement de circulation est plus considérable et permet d'avoir des trains d'un poids modéré, mais exigeant de grandes vitesses et de fréquents départs, lorsqu'en outre la surface du pays est de nature à ne pas permettre des pentes convenables pour les locomotives.

NOTES

Note A. — *Adhérence.* — Le frottement ne joue pas seulement un rôle important dans la locomotion par les résistances qu'il oppose au mouvement des pièces du mécanisme ou au déplacement des véhicules.

Lorsque deux corps sont en contact parfait, on ne peut les séparer qu'en exerçant un certain effort qui est nécessaire pour surmonter les effets de l'attraction moléculaire sur les particules des deux corps en contact immédiat; c'est ce qui a lieu pour les mortiers qui adhèrent aux matériaux de construction, pour l'eau qui reste adhérente aux corps qu'elle mouille. C'est à cette propriété que les physiciens ont donné le nom d'*adhérence.* Si, au lieu de séparer les corps en les écartant, on veut les faire glisser l'un sur l'autre, on n'a pas seulement à vaincre l'adhérence, il faut encore vaincre le frottement, c'est-à-dire la résistance qui s'oppose au glissement.

Lorsqu'une roue repose sur un rail où elle exerce une certaine pression et qu'on veut la faire tourner sur place, il faut, son axe étant fixé d'une manière invariable, appliquer à sa circonférence ou à un point quelconque de ses rayons, un effort suffisant pour vaincre la résistance due à l'adhérence et au frottement. Dans la pratique, on a donné assez improprement le nom d'adhérence à cette résistance au glissement sur place qui ne peut être surmontée que par un effort d'autant plus considérable que la pression de la roue sur le rail est elle-même plus considérable. L'adhérence comme l'entendent les physiciens est bien en jeu, mais pour une part très-petite. C'est en réalité le frottement qui joue le rôle important; et à proprement parler, l'*adhérence* des mécaniciens n'est autre chose que le *frottement au départ* des physiciens. On peut supposer que l'axe, au lieu d'être fixé invariablement, soit seulement retenu par une force agissant en sens contraire de la force qui sollicite la roue, ou de la force motrice. Tant que la première de ces deux forces ne dépassera pas certaines limites d'intensité, elle pourra être surmontée par la seconde, et la roue, au lieu de rester immobile et de tourner sur place, suivant le rapport existant entre la force motrice et l'adhérence, prendra un mouvement de déplacement en roulant sur le rail. Si la première de ces deux forces, ou la résistance, dépasse au contraire certaines limites, on conçoit que la force motrice pourra devenir impuissante pour produire le mouvement en avant, et suivant le rapport qui existera entre cette force et l'adhérence, la roue tournera sur place ou restera immobile.

La notion de l'adhérence dans les machines locomotives paraît très-simple au premier abord; mais lorsqu'on veut s'en rendre un compte exact, les considérations dans lesquelles il faut entrer sont très-délicates. Nous ne chercherons, quant à présent, qu'à donner une définition et à faire entrevoir le rôle que joue l'adhérence dans la théorie de la machine locomotive.

(Note extraite du *Guide du mécanicien constructeur et conducteur de machines locomotives,* par MM. Le Chatelier, E. Flachat, J. Petiet et C. Polonceau.)

Note B. — *Stabilité.* — Les Anglais caractérisent par l'adjectif *steady* (ferme, assuré, qui ne vacille pas, qui ne roule pas) la propriété qu'ont dans certains cas les machines locomotives de marcher sans oscillations ou sans mouvements accessoires apparents autres que la translation en avant. L'usage a consacré en France, pour expliquer cette propriété, les mots stable et stabilité qui, sans avoir absolument la même signification que les mots anglais *steady*, *steadiness*, impliquent la notion de permanence, d'invariabilité; nous respecterons cet usage, d'autant plus qu'il serait fort difficile de trouver des expressions plus propres à peindre le fait auquel on les applique.

La stabilité des machines n'est jamais absolue, elle n'est complète, en apparence, que dans des cas exceptionnels et par intervalles; on observe presque constamment des mouvements d'oscillation des axes principaux de la machine par rapport à l'axe de son mouvement; mais, dans la pratique, on ne tient pas compte de ces mouvements lorsqu'ils n'ont qu'une amplitude très-restreinte et cessent d'être facilement appréciables, et on déclare une machine *stable* lorsqu'elle n'a qu'une très-faible instabilité. On est convenu, dans le but de simplifier l'examen et la discussion des faits, d'adopter quelques expressions empruntées au langage ordinaire pour caractériser ces différents mouvements oscillatoires : on appelle *mouvement de lacet* le mouvement d'oscillation autour d'un axe vertical, passant par le centre de gravité de la machine ou autour d'un axe quelconque qui lui serait parallèle et qui, en se combinant avec le mouvement de translation de la machine, lui fait prendre un mouvement serpentant; *mouvement de galop*, le mouvement d'oscillation autour d'un axe horizontal transversal à l'axe de la voie sur laquelle circule la machine; *mouvement de roulis*, un mouvement d'oscillation autour d'un axe parallèle à l'axe longitudinal de la machine ou à l'axe de la voie; enfin, *mouvement de tangage*, un mouvement d'oscillation longitudinal à l'arrière. Ces différents mouvements se combinent entre eux et avec le *mouvement de translation* de la machine; mais tout mouvement quelconque des points de la masse peut toujours être ramené à ces mouvements élémentaires.

Le mouvement de translation et le mouvement de tangage sont linéaires; les mouvements de lacet, de galop et de roulis sont angulaires ou de rotation. A part l'expression de *tangage* empruntée au vocabulaire de la marine (balancement d'un vaisseau de l'avant à l'arrière et réciproquement), les expressions de *lacet*, *galop* et *roulis* sont des images fidèles de ce qui se passe en réalité dans le mouvement d'une machine instable à ces différents points de vue; on a proposé de substituer l'expression de recul à celle de tangage; mais elle est encore plus fausse que celle-ci, car la notion du recul n'implique pas l'idée d'oscillation qui est une des propriétés essentielles de la perturbation qu'il faut dénommer; nous nous en tiendrons donc, jusqu'à nouvel ordre, au nom de *tangage*, nos lecteurs étant bien prévenus du sens que nous lui attachons.

Trois causes distinctes peuvent déterminer des mouvements anormaux, des déviations momentanées et alternatives des différents points de la masse dans le mouvement de translation d'une machine, ou, en d'autres termes, la rendre instable aux différents points de vue que nous avons envisagés. Plusieurs causes spéciales peuvent modifier les conditions de stabilité d'une machine donnée, en atténuer, ou même en faire disparaître les effets. Les trois causes perturbatrices sont : 1° le mode de construction et l'état d'entretien de la voie; 2° le mode de construction et l'état d'entretien des machines; 3° l'inertie des pièces du mécanisme soumises à un mouvement de rotation ou d'oscillation dans la machine elle-même, ou à un mouvement propre, indépendant du mouvement de translation, et accessoirement les pressions intérieures produites par l'action de la vapeur : les actions perturbatrices peuvent être modifiées par l'écartement des essieux, par la répartition du poids qu'ils ont à supporter, par le mode de construction des ressorts et par l'application de contrepoids, disposés de telle sorte que leur inertie produise des actions contraires à celles des pièces du mécanisme.

(Extrait du *Guide du mécanicien constructeur et conducteur de machines locomotives*, ouvrage déjà cité.)

LA MACHINE DU FRIEDLAND

LA MACHINE DU FRIEDLAND

Tout le monde a vu à l'Exposition du Champ de Mars, sur la berge de la Seine, la colossale machine destinée à la frégate cuirassée *le Friedland*. Une construction aussi gigantesque devait attirer la foule, qui voyait là avec raison une expression frappante de la puissance mécanique. Mais beaucoup de visiteurs attirés en cet endroit cherchaient en vain à comprendre le jeu de cet engin en apparence si compliqué.

Fidèles au principe de cette publication, nous nous proposons aujourd'hui de donner la description de cette machine; nous la ferons précéder de l'historique de l'invention et de quelques considérations sur la navigation à vapeur, qui auront le double avantage de faciliter notre tâche et d'éclaircir singulièrement les explications.

HISTORIQUE DE L'INVENTION

Denis Papin (1690). — Daniel Bernouilli (1753). — Le marquis de Jouffroy (1776). — Fulton (1807). — Cavé (1822). — Smith (1836). — L'Archimède. — M. Dupuy de Lôme. — *Le Napoléon* (1853).

Dans une précédente livraison, nous avons décrit une entreprise qui à son début excitait l'enthousiasme de l'Italie entière ; nous avons fait voir qu'à peine quinze années séparent sa conception du commencement des travaux, délai bien long sans doute pour les promoteurs de l'idée, mais bien court relativement si nous parcourons l'histoire des autres inventions.

En effet, dès 1690, Papin publia un mémoire sur la possibilité d'appliquer une machine à vapeur à faire tourner les roues, qui donneront aux bateaux une plus grande vitesse que celle qu'ils reçoivent sous l'action des rames ou du vent. En 1707, il descend la Fulda jusqu'à Munden, mais il ne peut arriver à remonter le fleuve.

De ce premier essai de Papin jusqu'à nos jours, il a fallu un siècle et demi d'efforts persévérants pour arriver aux machines actuelles.

En 1753, Daniel Bernouilli donne une solution remarquable consistant à refouler l'eau sous la quille du bateau dans une direction convenable au moyen de pompes; la réaction de l'effort de refoulement sur les corps de pompe fixés au navire feront avancer celui-ci; mais cette proposition d'un théoricien, quoique parfaitement logique, ne fut pas soumise à une expérience en grand.

Les laborieux travaux d'une foule de savants et de praticiens restés obscurs pour la plupart nous mènent à 1776. A cette époque, un inventeur distingué, appelé par ses goûts vers les études scientifiques, le marquis de Jouffroy, fit construire un bateau ordinaire sur lequel il installa une machine à vapeur avec tous les perfectionnements dont Watt l'avait dotée jusqu'alors. La première tentative sur le Doubs ne fut pas heureuse, mais l'inventeur en déduisit une foule d'observations importantes et ne se laissa pas décourager par un insuccès apparent. Le 15 juillet 1783, Jouffroy navigua sur la Saône avec un bateau de 46 mètres de long construit à Lyon; il put faire plusieurs fois le trajet de l'île Barbe jusqu'à la ville. Deux cylindres à vapeur placés à l'arrière faisaient manœuvrer deux systèmes de rames articulées pouvant s'ouvrir et se fermer alternativement.

Ce mécanisme avait été imaginé pour imiter la patte des oiseaux aquatiques, d'où son nom de système palmipède.

Malgré le succès de Jouffroy et l'ovation qui lui fut faite par dix mille spectateurs, cette tentative n'eut pas de suites sérieuses; mais un point important était acquis : la *possibilité* de la navigation à vapeur était prouvée. Il semble que dès lors les perfectionnements vont venir d'eux-mêmes avec les encouragements du public. Mais les bouleversements de la fin du siècle dernier détournèrent pour longtemps l'attention générale des inventeurs et de leurs essais. Malgré cet oubli apparent, des hommes courageux travaillaient sans relâche, et chacun faisait avancer la question en enrichissant la théorie de ses expériences personnelles. Tels sont Miller de Dalwinston, Fitz et James Rumsey, en Amérique.

En Écosse, travaillent James Taylor et William Smington, mais les essais ne furent pas plus décisifs qu'en Amérique.

Enfin en 1804, Fulton propose au gouvernement français de construire un navire à vapeur marchant contre le vent et la mer. Poussé par sa vocation, il avait abandonné sa profession de peintre en miniatures pour celle de mécanicien; et depuis 1786 il travaillait sans relâche à la solution de ce problème.

Comme Jouffroy, son premier essai ne fut pas heureux; aussi Robert Fulton ne trouva pas chez nous les encouragements que méritait sa persévérance.

Il retourna en Amérique porter le fruit de ses vingt années de travaux et de ses dernières observations.

Le 10 août 1807, il lança sur la rivière de l'Est à New-York le premier bateau à vapeur construit dans des conditions réellement pratiques. *Le Clermont* présentait des dispositions mécaniques dont les machines actuelles ne sont que des perfectionnements. Une puissance de vingt chevaux suffisait pour mettre en mouvement deux roues à palettes; le navire fit une traversée de 120 milles (222 kilomètres) en 30 heures, soit 7 kilomètres et demi à l'heure.

Le succès eut cette fois un retentissement universel. Les États-Unis, tout d'abord, adoptèrent la navigation à vapeur, qui devint une des causes les plus puissantes de la prospérité de l'Union.

Mais l'Europe, occupée par les guerres de l'Empire, oublia bientôt Robert Fulton.

Cependant, dès 1815, Henry Bell fit en Écosse la navigation de la Clyde avec *la Comète*, bateau construit à l'imitation de Fulton.

Enfin en 1822, nous voyons sur la Seine *le Commerce* et *l'Hirondelle*, construits par Cavé.

Bientôt la navigation à vapeur se répand dans le reste de l'Europe. Les bateaux à vapeur couvrent les fleuves et les rivières, en même temps que sur mer, ils font une concurrence redoutable aux navires à voiles. Dès lors les progrès de cette industrie suivent ceux des machines à vapeur elles-mêmes.

Propulseurs à hélice. — En même temps que les bateaux à roues se répandaient universellement, plusieurs théoriciens prouvaient que l'hélice offre des moyens de propulsion supérieurs à ceux des palettes. Tels sont : le capitaine du génie Delisle (1823), Bourdon (1824), Ch. Cummerow (1827).

En 1832, Sauvage, constructeur de machines à Boulogne-sur-Mer, prend un brevet d'invention pour une hélice pleine appliquée à la mise en mouvement des bâtiments sur mer ; il fait l'essai de son système en petit, et les encouragements qu'il reçoit le décident à continuer sur une plus grande échelle. Bientôt il se ruina, et détenu pour dettes dans une prison du Havre, il vit de sa fenêtre les expériences du *Ruttler*, navire anglais construit à Londres d'après ses idées. En même temps que son système triomphait, il eut la poignante douleur de s'en voir enlever tout le mérite. Ce spectacle si déchirant ébranla sa raison, et Frédéric Sauvage mourut en 1857, à Paris, dans une maison d'aliénés. Espérons que la postérité, plus juste que les contemporains, reportera sur sa mémoire tout l'honneur de cette invention.

La théorie de l'application de l'hélice est à la portée de tout le monde.

Chacun sait que lorsqu'une vis tourne dans un écrou fixe, elle prend en même temps un mouvement de translation, et tout corps qui lui est fixé est entraîné par elle.

Si donc une hélice est liée à un bateau, qu'elle tourne sous l'action d'une machine placée à l'intérieur, le bateau avancera car ici l'eau joue le rôle d'écrou fixe.

Tel est le raisonnement que fit Smith, simple fermier écossais, qui ignorait probablement les travaux faits sur cette question.

Sa position pécuniaire lui permettant de mettre son idée à exécution, il fit, en 1836, un essai en petit avec une vis d'Archimède, à deux pas complets à l'arrière d'un bateau. Deux années se passèrent en tentatives infructueuses. Il faut connaître la ténacité et l'inflexible volonté dont est capable un inventeur convaincu pour comprendre comment Smith, sans autre encouragement que la foi dans le succès et sans être éclairé par la théorie persévéra si longtemps.

Plus heureux que notre compatriote, il dut son triomphe à un accident arrivé à l'hélice : une portion de la spire fatiguée par les nombreux essais, se rompit, et Smith vit doubler la vitesse du navire. Fort de cette remarque, il adapta immédiatement à *l'Archimède* de 237 tonneaux une portion d'hélice. Avec son bâtiment, il alla visiter tous les ports d'Europe, et fit voir aux contemporains émerveillés un navire marchant avec une vitesse de 18 kilomètres et demi par heure, vitesse inconnue jusqu'alors.

Les amirautés des différentes nations virent bientôt dans l'hélice un auxiliaire précieux pour les vaisseaux de guerre. A cause de la simplicité du système, les évolutions sont plus rapides; et l'appareil étant complétement sous l'eau est, sinon tout à fait à l'abri des boulets, au moins beaucoup mieux garanti que les roues.

L'honneur de ces applications revient surtout aux ingénieurs et officiers de marine français, qui y ont contribué pour la plus forte part.

En 1844, le capitaine Labrousse, aujourd'hui contre-amiral, donna le plan d'un vaisseau de 100 canons, mû par une machine de 1,000 chevaux, commandant une hélice amovible dans un puits de remontage à l'arrière du bâtiment; mais son idée ne fut pas mise à exécution.

En 1847, M. Dupuy de Lôme dans un mémoire au ministre de la marine s'offre de construire un vaisseau à hélice à grande vitesse, armé de 90 bouches à feu.

Ce n'est cependant qu'en 1852 qu'il put mettre à flot *le Napoléon;* c'est la première application d'une machine à vapeur de 1,000 chevaux nominaux, développant au besoin deux mille fois 75 kilogrammètres. Cette machine, à quatre cylindres, avec transmission à engrenage, fut construite par M. Moll, ingénieur de la marine à Indret. Le grand succès du *Napoléon* fut le passage du Bosphore de Constantinople au début de la guerre d'Orient. Aucun des navires alliés ne pouvait lutter contre la violence du courant poussé par un vent impétueux venant de la mer Noire. *Le Napoléon* remorqua deux gros navires à sa suite, et en plusieurs fois fit passer les deux flottes aux acclamations unanimes des équipages anglo-français.

Le type est enfin trouvé, il ne subira plus que des modifications de détails s'appliquant aux chaudières, à la machine ou au bâtiment lui-même.

Ces dernières nous amènent aux navires munis d'un blindage résistant à l'action du boulet.

C'est en 1855 pour la guerre d'Orient, que furent construites les premières batteries flottantes cuirassées. A Bomarsund, elles s'approchent suffisamment de la place pour en détruire tous les ouvrages défensifs, en ne subissant elles-mêmes que de légères avaries; mais leur manœuvre est difficile et leur vitesse peu considérable.

En 1859 a lieu le lancement de la frégate cuirassée *la Gloire*, construite par M. Dupuy de Lôme.

La réussite du bâtiment fut telle qu'aujourd'hui encore elle sert de type pour ceux qu'on construit sur nos chantiers.

La guerre d'Amérique donna bien lieu à quelques essais, mais modifia fort peu la construction des frégates cuirassées. Ericsson appliqua à la navigation sa machine à air chaud, mais le bâtiment ne put atteindre une vitesse suffisante; de sorte qu'à l'heure qu'il est, on peut considérer une frégate telle que *le Friedland* comme le plus beau résultat, sinon le dernier mot de la science des constructions dans la marine militaire.

CONDITIONS GÉNÉRALES QUE DOIVENT REMPLIR LES MACHINES DE NAVIGATION

CHAUDIÈRES. — CONDENSEURS. — MACHINES PROPREMENT DITES.

Dès l'origine de l'application de la vapeur à la navigation maritime, une grande difficulté résidait dans l'alimentation des chaudières. Embarquerait-on de l'eau douce, ou bien se contenterait-on de l'eau de mer?

La première solution exigeait l'introduction dans le navire d'un poids mort très-considérable. En effet, une machine telle que celle du *Friedland* consomme par heure environ 40,000 k. de vapeur pour donner son effet maximum, et à cause de l'imparfaite condensation une grande partie de cette vapeur est perdue; l'emploi de l'eau douce aurait, il est vrai, l'avantage de pouvoir atteindre les mêmes pressions que dans les machines à terre, mais cause des grandes dimensions des chaudières, cet avantage serait dangereux, puisqu'il exposerait à des explosions plus fréquentes que celles qui ont lieu journellement.

La seconde solution, alimentation par l'eau de mer, permet de n'avoir sur le bateau que juste la quantité que contiennent les chaudières, aussi n'exige-t-elle pas un poids mort très-considérable; mais cette eau contient des sels qui, lorsque son volume est réduit à moitié par l'évaporation, saturent complétement le reste, et si l'on continuait à se servir de la même eau, il se déposerait sur la tôle des incrustations nombreuses, difficiles à enlever et qui exigeraient des arrêts fréquents dans la marche du navire.

Aussi, à chaque instant on jette à la mer une partie du liquide saturé qu'on remplace par une quantité égale d'eau nouvelle. Ce procédé a évidemment l'inconvénient de perdre la chaleur contenue dans le liquide qu'on jette à chaque fois, mais il y a encore des avantages suffisants pour ne pas embarquer d'eau douce.

Une troisième solution serait de distiller l'eau de mer au fur et à mesure des besoins de la machine; mais ce procédé n'est pas entré encore dans la pratique à cause des appareils encombrants qu'il exige, dont le nettoyage est difficile sinon impossible pendant la marche.

Pour *le Friedland*, il y a 8 grandes chaudières disposées 4 à 4 symétriquement à l'axe du vaisseau; la longueur de la cale occupée par cet ensemble est de 16 mètres. Le nombre des foyers est de 32, présentant une surface totale de grille de 48 mètres. La flamme, traversant la masse d'eau en plusieurs canaux, va rejoindre la cheminée centrale en passant par l'appareil surchauffeur de vapeur à la base de celle-ci. La surface totale de chauffe est de 1,800 mètres carrés. Si l'on tient compte du rapport des masses d'eau, c'est peu relativement à une chaudière de locomotive, aussi n'atteint-on pas une pression aussi haute; au lieu de 7 à 10 atmosphères, on se contente ici de 3; cela tient à la difficulté de construction de capacités telles que celles-ci, qui doivent contenir 115 mètres cubes d'eau, et aux précautions qu'il faut pour empêcher toute déformation.

Les visiteurs de l'Exposition ont pu remarquer que la paroi extérieure est garnie de feutre; entre ce feutre et la tôle, on interpose un voligeage; ces corps mauvais conducteurs ont pour but d'éviter les déperditions de chaleur.

Les chauffeurs se tiennent entre les deux rangées de chaudières; la température atteint souvent de 50 à 60°; aussi ce travail exige des hommes d'une constitution robuste pour résister à cette chaleur.

Au Champ de Mars, l'annexe était rafraîchie par le mouvement de l'hélice; aussi l'intervalle des chaudières était pour les chauffeurs relativement frais.

Condenseurs. — Nous savons que d'une manière générale un condenseur a pour but de liquéfier la vapeur à sa sortie des cylindres pour diminuer la contrepression.

Deux systèmes se présentent: le condenseur à *injection* et le condenseur à *surface*. Dans le premier, la vapeur est en contact avec un jet d'eau qui la pénètre complétement, aussi la liquéfaction est complète et la contrepression

pour ainsi dire annulée ; mais l'inconvénient est que, comme la vapeur con-
densée se trouve mêlée avec l'eau d'injection, on n'a plus pour l'alimentation des chaudières une eau exempte de sels, et les incrustations sont toujours à redouter.

Dans les appareils à surface, la vapeur et l'eau froide sont séparées par
une multitude de cloisons. Généralement, l'eau froide circule dans des tubes
entourés du courant de vapeur qui va en sens inverse ; aussi on peut recueillir
à part l'eau de condensation et s'en servir avec succès pour les chaudières ;
il est évident que si ce condenseur était parfaitement efficace, l'alimentation
par l'eau douce serait la meilleure solution, puisque ce serait toujours le
même liquide qui irait de la chaudière aux cylindres et inversement. On n'aurait pas besoin d'embarquer une grande masse d'eau, et on jouirait de tous
les avantages que nous avons cités.

Mais la vapeur pour se condenser complétement a besoin d'être saisie
par le jet réfrigérant ; le simple contact, à travers une paroi aussi mince
qu'elle soit, ne peut remplacer le premier procédé.

Les Américains essayent depuis quelques années de combiner les deux
systèmes : ainsi, ils font circuler une grande masse d'eau à travers les tubes
entourés de vapeur, une petite quantité de liquide froid est injectée en même
temps et complète la condensation restée imparfaite.

Cette solution assez pratique a l'inconvénient de tous les demi-moyens :
elle participe des défauts des deux systèmes auxquels elle est empruntée ; elle
a la complication des condenseurs à surface et l'inconvénient de donner un
mélange d'eau pure et d'eau salée qui exige toujours des évacuations successives.

Machines. — Dans les grandes machines, on a toujours employé plusieurs
cylindres, ce qui diminue leur volume, et en ayant soin de caler les manivelles convenablement, on arrive à une certaine régularisation de la puissance ; l'emploi d'un volant suffisant est en effet impossible sur un vaisseau,
à cause de l'encombrement qui en résulterait.

Dans les navires à roues, les cylindres sont généralement verticaux ; souvent au nombre de quatre, ils commandent deux énormes balanciers oscillant
au-dessus ou au-dessous de l'arbre des roues. L'emploi de ce balancier
était un grave inconvénient à cause de sa masse énorme dans les grands
vaisseaux et de ses ruptures fréquentes.

Dans les bâtiments nouveaux, cette difficulté disparaît; les cylindres commandent directement l'arbre par l'intermédiaire de bielles et de manivelles. Cet arbre se prolonge à l'intérieur du navire et reçoit l'hélice en bronze. Pour éviter une voie d'eau autour du point où l'arbre traverse la paroi, on dispose une immense boîte d'étoupe de quelques mètres de longueur. L'hélice est en bronze aussi; il est nécessaire que le prolongement de l'arbre soit du même métal, car il faut empêcher le contact du cuivre et du fer au sein de l'eau de mer; en effet on créerait une véritable pile voltaïque sous l'action de laquelle les deux métaux seraient complétement rongés en peu de temps.

On évite de même le contact de la cuirasse d'acier avec le doublage en cuivre des parties inférieures des navires, doublage qui protége le bois contre les attaques des tarets, mollusques qui détruisent rapidement la charpente. Entre le doublage et la cuirasse, on interpose quelquefois un matelas de caoutchouc maintenu par des chevilles en zinc.

Le blindage descend à peu près à 2 mètres au-dessous de l'eau, ce qui suffit pour protéger efficacement le vaisseau; l'obliquité de la muraille est telle que les projectiles y glissent, ensuite la résistance de l'eau suffit pour faire dévier le boulet.

DESCRIPTION PARTICULIÈRE DE LA MACHINE DU FRIEDLAND

Indépendamment de ses proportions colossales qui attiraient les visiteurs même étrangers aux questions de mécanique, indépendamment de sa parfaite exécution qui a valu aux constructeurs les félicitations des hommes spéciaux, la machine du *Friedland* est remarquable à un autre point de vue : elle représente un type perfectionné que l'on doit à M. Dupuy de Lôme, et, depuis quelques années, on a construit beaucoup de vaisseaux sur ce modèle dans les marines française et étrangères.

Dans les anciennes machines, on employait simplement le système de Woolf, qui consiste à introduire la vapeur dans un cylindre, et, à sa sortie, la faire passer dans un second récipient où elle se détend en poussant le piston. Woolf utilisait ainsi une grande partie de la puissance motrice de la vapeur, qu'on laissait perdre avant son invention.

M. Dupuy de Lôme modifie le système en faisant détendre dans deux cylindres symétriquement placés par rapport au premier. Les trois pistons sont de même diamètre, ce qui simplifie singulièrement la construction. Ils ont aussi même course et commandent l'arbre sans qu'aucun des points morts se correspondent.

La commande a lieu par l'intermédiaire de manivelles et de bielles en retour, ce qui diminue beaucoup la place occupée par l'appareil.

On peut remarquer que dans tout ceci il n'y a aucune innovation à proprement parler, aucune des dispositions prises ne constituant une invention, mais leur ensemble réalise un progrès réel.

Les résultats principaux obtenus par ces machines à trois cylindres, avec introduction de la vapeur dans le premier, sont :

1° Économie notable de combustible ;

2° Faculté de reculer la limite du nombre de tours de l'hélice, sans engrenage intermédiaire ;

3° Équilibre presque complet des pièces mobiles autour de l'arbre, quelle que soit au roulis la position du navire.

Nous allons examiner séparément chacun de ces avantages, et faire voir qu'ils existent dans le nouveau système.

L'emploi de trois cylindres identiques, placés côte à côte avec leurs axes parallèles, simplifie beaucoup la construction.

Les pistons commandent un arbre horizontal dans l'axe du navire et en prolongement de celui de l'hélice.

Cet arbre, trois fois coudé, a 50 centimètres de diamètre, il est en fer forgé et sa fabrication, qui eût été impossible il y a vingt ans, constitue encore aujourd'hui un problème fort difficile. Cependant cet arbre a été exécuté d'une façon irréprochable aux forges de la Méditerranée, à la Seyne, près Toulon.

Les deux coudes extrêmes sont entre eux à angle droit, et celui du cylindre milieu (qui reçoit seul l'action directe de la vapeur) est suivant la bissectrice de cet angle droit.

En sortant des deux cylindres extrêmes, la vapeur entre dans deux grandes capacités ; ce sont les *condenseurs* que nous décrirons tout à l'heure.

Le *sécheur* pratiqué à la base de la cheminée est pour ainsi dire l'inverse d'un condenseur, la vapeur au lieu de s'y liquifier reçoit la chaleur abandonnée par les gaz qui s'échappent ; ceux-ci conservent encore une température suffisante pour que le tirage naturel soit assez énergique.

La pression de la vapeur à la sortie des chaudières est de $2^{at.}$ 75 (1), soit
209 cent. de mercure, c'est la limite supérieure des tensions compatibles
sans danger, avec l'alimentation à l'eau de mer. La température de cette
vapeur saturée est 131°, le sécheur l'amène à 156°; la *surchauffe* est donc
25°. C'est là un résultat précieux, car ce calorique reçu après la saturation
se transforme tout entier en travail selon la théorie nouvelle.

Cette vapeur venant du sécheur se bifurque dans deux tuyaux égaux, qui
la conduisent dans les deux *chemises* ou *enveloppes* des cylindres extrêmes.
Deux valves de vapeur se trouvent à l'entrée de la boîte du tiroir du cylindre
milieu. Si l'on réduit l'ouverture d'une d'elles pour modérer l'allure de la
machine, on conserve néanmoins à l'intérieur des chemises la vapeur à une
tension assez élevée pour les chauffer suffisamment.

Après avoir poussé le piston du cylindre milieu, la vapeur pénètre dans
les deux extrêmes, et arrive à leurs boîtes de distribution par de très-larges
passages, qui fonctionnent comme réservoirs intermédiaires.

Les ouvertures du tiroir pour l'introduction représentent 3 1/2 centièmes de
la surface du piston, celles d'évacuation 4 centièmes.

Avec les dispositions précédentes, on obtient dans le cylindre central une
pression moyenne effective de 88 centimètres de mercure, et de 82 centimètres dans les deux autres; la pression moyenne sur les trois pistons est
donc 84.

On sait que leurs diamètres sont de 2^m 10 et leurs courses 1^m 30; ajoutons que l'arbre fait 57 tours 3/4 par minute et la machine développe ainsi
par seconde 4,000 chevaux de 75 kilogrammètres (2).

Ce nombre de tours, 57 3/4, suppose au piston une vitesse moyenne de
2^m 50 par seconde, et une vitesse maximum de 3^m 93. Ce travail serait excessif pour une machine ordinaire, mais l'expérience a démontré qu'avec cette
vitesse le graissage reste parfait.

Le Friedland, que cette machine doit mettre en mouvement, est une frégate cuirassée de premier rang, qui avec son chargement complet muni-
tions, charbon, vivres, etc., portera 7,200 tonnes. L'hélice en bronze,
qui tournait à l'Exposition, a 6^m 10 de diamètre et un pas de 8^m 50.

---

(1) Une atmosphère équivaut à 76 centièmes de mercure, pression barométrique moyenne
au niveau de la mer.

(2) Un kilogrammètre est le travail développé par un moteur qui élève 1 kilogramme à
1 mètre de hauteur en une seconde.

En faisant 57 tours 3/4 par minute, elle imprime au navire une vitesse de 14 nœuds 3/4 (1) à l'heure, soit 27 kil. 75.

Le poids total du moteur, comprenant l'hélice, le parquet et tous les accessoires, forme 810 tonnes (2) réparties de la manière suivante :

Machines proprement dites	415 tonnes.
Chaudières, sécheur, cheminées	280 —
Eau des chaudières.	115 —
Total.	810 tonnes.

La force développée étant égale à 4,000 chevaux, on a par cheval $\frac{810.000}{4.000} = 202$ kil. 50, nombre bien faible en comparaison des anciennes machines. On peut, du reste, déterminer le poids d'un moteur à deux cylindres de même force et voir qu'il n'est pas plus faible, de telle sorte que tous les avantages sont du côté du type *Marengo*, représenté par *le Friedland*.

Examinons maintenant pourquoi l'emploi de trois cylindres donne les avantages énumérés plus haut.

Remarquons tout d'abord qu'on ne peut pas faire dépasser certaines limites aux dimensions d'un cylindre, la masse du piston devenant trop considérable et les changements successifs de direction causant à chaque instant des ébranlements dans l'appareil. Or, si avec deux cylindres on veut obtenir la même puissance qu'avec trois de même diamètre, il faudra détendre moins la vapeur et par suite l'utiliser moins favorablement.

Cette considération est parfaitement justifiée par l'expérience, aussi cette augmentation de la détente est déjà une cause d'économie pour les nouvelles machines. Si à cette raison on joint l'emploi des enveloppes de vapeur aux cylindres extrêmes, l'on comprendra parfaitement la supériorité des nouvelles machines sur les anciennes.

---

(1) Le nœud équivaut à 1 mille marin de 1,851 mètres. Cette dénomination vient de ce que l'on mesure la vitesse d'un navire en jetant à la mer un *loch*, disque triangulaire lesté pour se tenir vertical dans l'eau ; ce loch reste en arrière et fait dérouler une corde à nœuds qui le maintient ; ces nœuds sont distants de 1 m. 50. Le nombre d'entre eux, qui passe en 1/2 minute, représente en milles la vitesse du navire à l'heure.

(2) Aujourd'hui, la tonne marine équivaut au tonneau métrique de 1,000 kilogrammes ; anciennement, on comptait par tonnes de 1,000 livres, soit 500 kilogrammes.

Les enveloppes ont un autre avantage, elles évitent des accidents sur lesquels il est bon d'insister :

Dans les anciens cylindres, la vapeur arrivant contre des parois refroidies se condense en partie, il en résulte une perte de pression. Généralement les gouttelettes ainsi formées se vaporisent, mais il peut arriver que l'eau s'accumule, et si les robinets purgeurs ne fonctionnent pas bien, les cylindres les plus solides se défoncent en mettant la machine hors d'état de continuer son service.

L'utilité des enveloppes a été si parfaitement appréciée dans ces derniers temps, que, malgré la complication qui en résulte, un constructeur anglais, M. Penn, fait les pistons eux-mêmes à circulation intérieure de vapeur à une tension supérieure à celle des cylindres. La tige est creuse et traversée par deux tubes, l'un pour l'arrivée, l'autre pour la sortie.

En résumé, les machines marines à deux cylindres les mieux construites, possédant comme celle qui nous occupe un sécheur de vapeur, ayant des chaudières alimentées à l'eau de mer, consomment 1 k. 60 de houille par heure et par cheval de 75 kilogrammètres.

La consommation du *Friedland* est 1 k. 28. L'économie réalisée est donc 20 p. 100, soit environ 30 tonnes par jour ; au prix moyen de 40 francs la tonne, ceci fait une épargne de 1,200 francs par jour.

Mais comme on pourrait supposer que l'appareil à trois cylindres pèse beaucoup plus que le premier, l'embarquement d'un poids mort aussi considérable diminuerait singulièrement le bénéfice ou l'annulerait même, il convient d'examiner la question à ce point de vue.

Une machine à deux cylindres pèserait moins que celles du nouveau système, mais, à cause de la plus grande consommation de vapeur, le poids de la chaudière et de l'eau d'alimentation se trouve augmenté dans le rapport des consommations de combustible ainsi que le montre le tableau suivant .

	Appareil à 2 cylindres.	Appareil à 3 cylindres.
Machine.	325 tonnes.	415 tonnes.
Chaudière	350 —	280 —
Eau	143 —	115 —
Poids total. . . .	818 tonnes.	810 tonnes.

Ainsi, au lieu d'augmenter le poids mort, la disposition de M. Dupuy de Lôme le diminue de 8 tonnes (1).

Augmentation du nombre de tours. — Ce qui fait modérer la vitesse des machines, c'est l'échauffement qu'éprouvent les coussinets des bielles et de l'arbre de couche.

La température ainsi développée ne doit pas dépasser un certain degré, au-delà duquel le graissage devient impossible; après cette limite il n'y a plus rien d'interposé entre les surfaces, les organes s'usent rapidement et la machine est bientôt hors de service.

M. Dupuy de Lôme remédie à l'inconvénient résultant de l'augmentation de vitesse en diminuant beaucoup la pression entre les pièces frottantes, puisqu'avec la disposition nouvelle, elle est répartie sur trois glissoirs au lieu de deux.

Équilibre des pièces autour de l'arbre. — Ce troisième avantage que nous avons signalé n'existe pas rigoureusement dans la machine du *Friedland*, il faudrait que les trois coudes fissent entre eux des angles égaux de 120°. L'équilibre est mieux atteint cependant qu'avec deux pistons attelés sur des manivelles à angle droit, puisque dans ce dernier cas les deux manivelles peuvent être du même côté de la verticale.

Pompes à air du condenseur. — Dans l'appareil qui nous occupe les pompes à air sont horizontales, on les attelle directement aux tiges des pistons, sans l'intermédiaire de balanciers; elles ont donc la vitesse de $2^m 50$ comme moyenne et $3^m 93$ au maximum. Dans ces circonstances, un piston ordinaire ne répondrait pas au but car l'eau ne le suivrait pas à mi-course.

Aussi, au lieu d'un piston creux, on a adapté à la pompe à air un piston plongeur. Aux mouvements horizontaux de ce piston correspondent des mouvements verticaux de l'eau froide. On a préféré se servir de petits clapets au lieu de grands; l'établissement est moins coûteux et les réparations plus faciles.

(1) Tous les documents numériques qui se rapportent exclusivement à la machine du *Friedland* sont extraits du rapport de M. Dupuy de Lôme à l'Académie des Sciences.

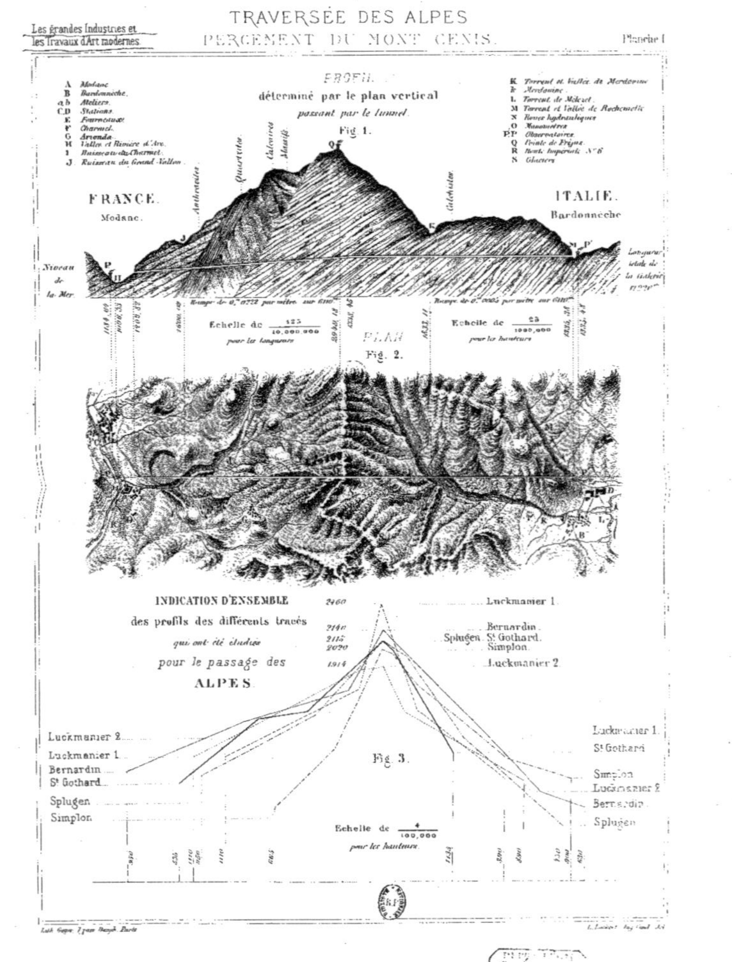
PROFIL
déterminé par le plan vertical
passant par le tunnel
Fig 1.

A Modane.
B Bardonnèche.
a,b Ateliers.
C,D Stations.
E Fournenaux.
F Charmel.
G Avenda.
H Vallée et Rivière d'Arc.
I Ruisseau du Charmel.
J Ruisseau du Grand Vallon.

K Torrent et Vallée de Mordovine.
k Mordanine.
L Torrent de Mileret.
M Torrent et Vallée de Rochemolle.
N Roue hydraulique.
O Manœuvres.
P,P Observatoires.
Q Pointe de Fréjus.
R Mont. Impérial. N° 8.
N Glaciers.

FRANCE.
Modane.

ITALIE.
Bardonnèche.

Niveau de la Mer.

Echelle de 125/10,000,000 pour les longueurs
Echelle de 25/1,000,000 pour les hauteurs

PLAN
Fig. 2.

INDICATION D'ENSEMBLE
des profils des différents tracés
qui ont été étudiés
pour le passage des
ALPES

Luckmanier 1
Bernardin
Splugen St Gothard.
Simplon
Luckmanier 2

Luckmanier 2
Luckmanier 1
Bernardin
St Gothard
Splugen
Simplon

Luckmanier 1
St Gothard
Simplon
Luckmanier 2
Bernardin
Splugen

Fig 3.

Echelle de 4/100,000 pour les hauteurs

TRAVERSÉE DES ALPES
PERCEMENT DU MONT CENIS.

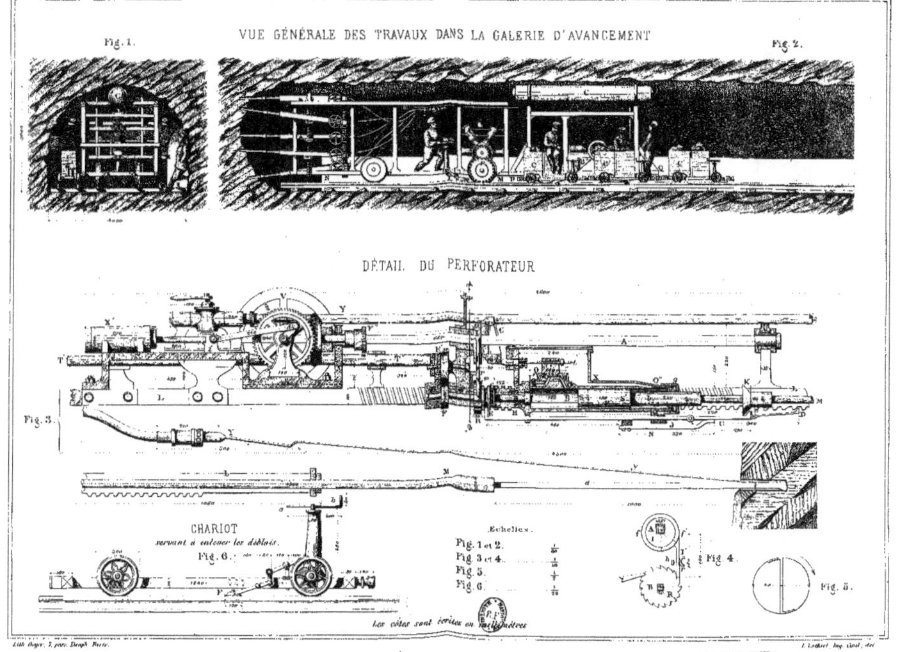

TRAVERSÉE DES ALPES.

PERCEMENT DU MONT CENIS.

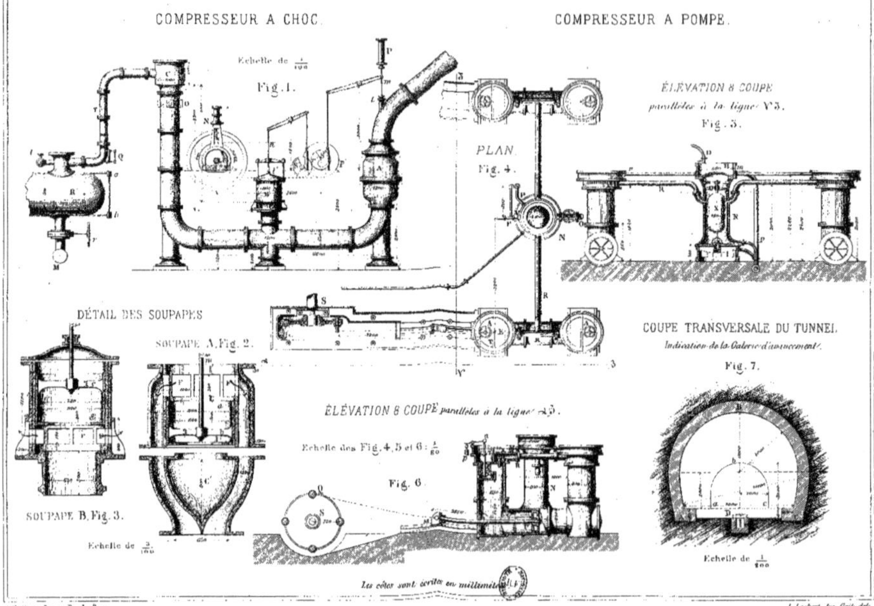

Lith. ... Paris
L. Lachert, Ing. Civil, del.

Voici le sommaire de quelques-unes de nos livraisons :

MÉCANIQUE ET MACHINES

Travaux de percement du Mont Cenis.
Machines motrices de l'Exposition.
Dragues et appareils de l'Isthme de Suez.
Travaux de l'Opéra. — Montage des matériaux.
Grues à vapeur.
Grues hydrauliques, système Armstrong.
Marteaux pilons hydrauliques de Haswell
Marteau pilon système Farcot.
Labourage à la vapeur.
Pompes à incendie, Learned et Lee.
Irrigations.
Machines agricoles, à l'Exposition de Billancourt.
Machines à coudre.
Machines à graver.
— à sculpter.
— à découper les pierres et les marbres.
Outils pour le travail du fer et le travail du bois.
Machines à faire les agglomérés de houille.

Machines de Bateaux de Penn.
Presses sterhydrauliques.
Machines locomobiles pour routes ordinaires.
Machine locomotive Meyer, à Haine-Saint-Pierre.
Freins automatiques pour arrêter les chemins de fer.
Locomotive Rarchaert.
Locomotive Thouvenot.
Machines à décortiquer le riz.
Pompes Appold, Neut, Dumont, etc.
Perforation des puits.
Filatures de laines.
— de coton.
Machines motrices électriques.
Appareils pneumatiques pour le transport des dépêches.
Moteurs hydrauliques.
Turbines.
Propulseurs.

CONSTRUCTION

Coupoles d'édifices publics.
Ponts en fer à Treillis.
Les maisons ouvrières de l'Exposition.
Les constructions de l'Exposition.
Charpentes de l'Exposition.
Bains.
Lavoirs.
Théâtres.
Construction d'usines.
Églises.
Pont-viaduc du Point-du-Jour.
Des fondations de ponts en général.
Les ponts en fer américains.
Viaduc sur la Cère, chemin de Paris à Orléans.

Ponts américains en bois.
Le réseau des chemins de fer allemands, des chemins français, des chemins anglais.
Aqueduc à Washington, d'après Zerah Colburn.
Machines à faire les briques, système Durand, Clayton, Cregg et Cᵉ.
Outils pour travaux d'art.
Perforatrices à fleurets, Beaumont.
Perforatrice Lisbeth.
— Leschot.
— La Roche-Tolay.
Sonnettes à main.
— à vapeur.

ART DE L'INGÉNIEUR

Distribution d'eau de la ville de Papenpourg, d'après l'ingénieur Franzius, à Hanovre.
Distribution d'eau à Ludwigsbourg.
Travaux d'art pour le port de Brest.

Travaux d'art pour le port de Lorient.
Barrage de Suresnes.
Les travaux des Buttes Chaumont.
— du Trocadéro.

CHIMIE ET MÉTALLURGIE

Aluminium et alliages d'aluminium.
Le platine.
Le magnésium.
Le gaz d'éclairage.
Les produits des goudrons.
Céramique, verrerie.
Procédé de moulages.

Fours à cuisson.
Lumière électrique.
Silicatisation des bâtiments.
Travail des métaux, système Bessemer.
Appareils des forges.
— des fonderies.
Appareils à faire la glace.

PARIS, IMP. L. POUPART-DAVYL, 30, RUE DU BAC.